四季花城

岭南秋季花木

朱根发　徐晔春　操君喜　编著

U0388747

中国农业出版社

图书在版编目（CIP）数据

岭南秋季花木 / 朱根发，徐晔春，操君喜编著. —
北京：中国农业出版社，2014.6
（四季花城）
ISBN 978-7-109-18777-1

Ⅰ.①岭…　Ⅱ.①朱…②徐…③操…　Ⅲ.①花卉—
介绍—广东省　Ⅳ.①S68

中国版本图书馆CIP数据核字（2014）第001856号

中国农业出版社出版
（北京市朝阳区麦子店街18号楼）
（邮政编码 100125）
责任编辑　石飞华

————————

中国农业出版社印刷厂印刷　　新华书店北京发行所发行
2014年6月第1版　　2014年6月北京第1次印刷

————————

开本：880mm×1230mm　1/32　印张：5.5
字数：230千字
定价：38.00元
（凡本版图书出现印刷、装订错误，请向出版社发行部调换）

目　录

目
录

酒瓶兰

Nolina recurvata
象腿树
龙舌兰科酒瓶兰属

【识别要点】常绿小乔木，株高2～3m。茎干直立，下部肥大，状似酒瓶。叶细长线形，全缘或细齿缘，软垂。花为圆锥花序，花色乳白，花小，观赏价值不高。蒴果小。

【花果期】主花期秋季，春季也可开花。
【产地】墨西哥的干热地区。
【繁殖】播种、扦插。

【应用】成株适合庭植，幼株适合盆栽室内观赏。可用其布置客厅、书室，装饰宾馆、会场等。

暗罗

Polyalthia suberosa
老人皮、鸡爪树、鸡爪暗罗
番荔枝科暗罗属

【识别要点】小乔木，高达5m。叶纸质，椭圆状长圆形或倒披针状长圆形，顶端略钝或短渐尖，基部略钝而稍偏斜，叶面无毛，叶背被疏柔毛，老渐无毛。花淡黄色，1～2朵与叶对生；萼片卵状三角形，外轮花瓣与萼片同形，但较长，内轮花瓣长于外轮花瓣1～2倍。果实近圆球状，成熟时红色。

【花果期】花期几乎全年；果期6月至翌年春季。

【产地】广东南部和广西南部。生于低海拔山地疏林中。印度、斯里兰卡、缅甸、泰国、越南、老挝、马来西亚、新加坡和菲律宾等也有。

【繁殖】播种。

【应用】花小奇特，果实繁密，观赏性较高，适合公园、绿地等列植或2～3株丛植观赏。

古城玫瑰树

Ochrosia elliptica
红玫瑰木
夹竹桃科玫瑰树属

【识别要点】乔木，有丰富乳汁，无毛。叶3～4枚轮生，稀对生，薄纸质，倒卵状长圆形至宽椭圆形，先端钝或短渐尖，基部渐狭成楔形。伞房状聚伞花序生于最高的叶腋内，花萼裂片卵状长圆形，花冠筒细长，裂片线形。核果鲜时红色，渐尖，种子近圆形，有狭的边缘。

【花果期】花期9月。
【产地】原产澳大利亚的昆士兰及其南部岛屿。我国台湾古城和广东沿海岛屿有栽培。
【繁殖】播种、扦插。

【应用】花小，果实红艳，极为艳丽，适合林缘、路边或庭院栽培观赏，也适合与其他花灌木配植。

炮弹树

Crescentia cujete
葫芦树、瓠瓜木
紫葳科葫芦树属

【识别要点】乔木，高5～18m，主干通直，枝条开展，分枝少。叶丛生，2～5枚，大小不等，阔倒披针形，顶端微尖，基部狭楔形，具羽状脉，中脉被绵毛。花单生于小枝上，下垂。花萼2深裂，花冠钟状，微弯，一侧膨胀，一侧收缩，淡绿黄色，具有褐色脉纹，花冠夜间开放。浆果卵圆球形，果壳坚硬，可作盛水的葫芦瓢。

【花果期】全年。
【产地】热带美洲。
【繁殖】播种、扦插或高空压条。

【应用】果大如炮弹，相当奇特，是科普教育的良好素材。不耐寒，华南地区南部有少量应用，通常用于校园、公园、庭院等绿化。

猫尾木

Dolichandrone cauda-felina
猫尾
紫葳科猫尾木属

【识别要点】乔木，高达10m以上。叶近于对生，奇数羽状复叶，幼嫩时叶轴及小叶两面密被平伏细柔毛，老时近无毛；小叶6～7对，顶端长渐尖，基部阔楔形至近圆形，有时偏斜，全缘纸质。花大，组成顶生、具数花的总状花序。花冠黄色，花冠筒漏斗形，下部紫色，无毛，花冠外面具多数微凸起的纵肋，花冠裂片椭圆形。蒴果极长，悬垂，密被褐黄色茸毛。种子长椭圆形。

【花果期】花期10～11月；果期4～6月。

【产地】广东、海南、广西及云南。生于海拔200～300m的疏林边、阳坡等处。

【繁殖】播种。

【应用】果形奇特，状似猫尾，故名。花果均有较高的观赏价值，适合公园、绿地、风景区等孤植或列植，也可作行道树。木材可作家具。

吊瓜树

Kigelia africana
吊灯树
紫葳科吊灯树属

【识别要点】乔木，株高13～20m，胸径可达1m。奇数羽状复叶交互对生或轮生，小叶7～9枚，长圆形或倒卵形，顶端急尖，基部楔形，全缘，近革质。圆锥花序生于小枝顶端，花序下垂，花萼钟状，花冠橘黄色或褐红色。果实下垂，圆柱形，种子多数。

【花果期】几乎全年。
【产地】原产热带非洲。我国南部有引种栽培。
【繁殖】扦插、压条。

【应用】果奇特，似吊瓜悬垂于枝间，花大美丽，花果观赏性俱佳，在岭南地区应用较多，可用于公园、绿地等孤植或列植作行道树观赏。

海岸斑克木

Banksia integrifolia
斑克木
山龙眼科佛塔树属

【识别要点】常绿小乔木，株高可达15m。叶长而窄，淡灰色，呈锯齿状。头状花序绿色，花柱黄色，形似瓶刷。

【花果期】花期秋、冬；果期冬、春。
【产地】澳大利亚东海岸。
【繁殖】播种。

【应用】株形美观，花序奇特，华南有少量引种。适合公园、居住区、校园及办公场所栽培观赏，也是庭院绿化的优良材料。

大叶斑鸠菊

Vernonia volkameriifolia
大叶鸡菊花
菊科斑鸠菊属

【识别要点】小乔木，高5～8m。枝粗壮，圆柱形，被淡黄褐色茸毛。叶大，具短柄，倒卵形或倒卵状楔形，稀长圆状倒披针形，顶端短尖或钝，稀渐尖，基部楔状渐狭，边缘深波状或具疏粗齿，稀近全缘。头状花序多数，具10～12个花，在茎枝顶端排列成长20～30cm无叶的大复圆锥花序，花淡红色或淡红紫色，花冠管状。瘦果长圆状圆柱形。

【花果期】花期10月至翌年4月。

【产地】云南西部及中部以南地区、贵州、广西、西藏。生于海拔800～1 600m的山谷灌丛或杂木林中。印度、尼泊尔、不丹、缅甸、泰国、老挝、越南也有。

【繁殖】播种。

【应用】植株大，为菊科少见的乔木类型，较为奇特，在岭南应用较少，可用于庭园及景区绿化与造景。

天料木

Homalium cochinchinense
越南天料木
大风子科天料木属

【识别要点】小乔木或灌木，高
2～10m；树皮灰褐色或紫褐色。叶纸质，
宽椭圆状长圆形至倒卵状长圆形，先端
急尖至短渐尖，基部楔形至宽楔形，边
缘有疏钝齿。花多数，单个或簇生排成
总状，总状花序长（5～）8～15cm，有
时略有分枝，被黄色短柔毛；花瓣匙形，
花丝长于花瓣。蒴果倒圆锥状，近无毛。

【花果期】花期全年；果期9～12月。

【产地】湖南、江西、福建、台湾、广东、海南、广西。生于海拔400～1200m
的山地阔叶林中。越南也有。

【繁殖】播种。

【应用】为名贵的材用树种，花序垂
于枝间，极为优雅，岭南园林中应用较
少，适合公园、绿地列植或孤植欣赏。

猴欢喜

Sloanea sinensis
猴板栗、单果猴欢喜
杜英科猴欢喜属

【识别要点】乔木，高20m。嫩枝无毛。叶薄革质，形状及大小多变，通常为长圆形或狭窄倒卵形，先端短急尖，基部楔形，或收窄而略圆，有时为圆形，亦有为披针形的，通常全缘，有时上半部有数个疏锯齿。花多朵簇生于枝顶叶腋；萼片4片，阔卵形，花瓣4片，白色。蒴果的大小不一，3～7片裂开，内果皮紫红色，种子黑色，有光泽。

【花果期】花期9～11月；果期翌年6～7月。

【产地】广东、海南、广西、贵州、湖南、江西、福建、台湾和浙江。生于海拔700～1000m的常绿林里。越南也有。

【繁殖】播种。

【应用】终年常绿，冠形美，花果可赏，可用于风景区、公园作风景树或绿化树种，孤植、列植均可。

阴香

Cinnamomum burmannii
桂树、山桂
樟科樟属

【识别要点】乔木，高达14m。树皮光滑，灰褐色至黑褐色。叶互生或近对生，稀对生，卵圆形、长圆形至披针形，先端短渐尖，基部宽楔形，革质，上面绿色，光亮，下面粉绿色，晦暗。圆锥花序腋生或近顶生，比叶短，少花，疏散，花绿白色，花被裂片长圆状卵圆形。果卵球形。

【花果期】花期主要在秋、冬季；果期主要在冬末及春季。

【产地】广东、广西、云南及福建。生于海拔100～2 100m疏林、密林或灌丛中，或溪边路旁等处。印度、缅甸、越南、印度尼西亚和菲律宾也有。

【繁殖】播种、扦插。

【应用】抗性强，适应性好，为岭南常见的园林树木，可作行道树及风景树。

岭南秋季花木

梭果玉蕊 *Barringtonia fusicarpa*
玉蕊科玉蕊属

【识别要点】常绿大乔木，高15～30m，胸径可达1m。小枝粗壮，圆柱形。叶丛生小枝近顶部，坚纸质，倒卵状椭圆形、椭圆形至狭椭圆形，顶端短尖至短渐尖，有时圆形或凹缺，基部楔形，多少下延，全缘或有不明显的小齿。穗状花序顶生或在老枝上侧生，长达100cm或更长，下垂；花瓣4，椭圆形至近圆形，白色或带粉红色；花丝粉红色。果实梭形，两端收缩。

【花果期】几乎全年。

【产地】我国特有植物，产云南南部和东南部；生于海拔120～760m密林中的潮湿地方。

【繁殖】播种。

【应用】株形美观，花果奇特，观赏价值较高，华南有少量应用，适合公园、绿地等孤植、列植作风景树或行道树。

大叶相思

Acacia auriculiformis
耳果相思、耳叶相思、耳荚相思
豆科金合欢属

【识别要点】常绿乔木，枝条下垂。树皮平滑，灰白色。叶状柄镰状长圆形，两端渐狭，比较显著的主脉有3～7条。穗状花序，1至数枝簇生于叶腋或枝顶；花橙黄色，花瓣长圆形。荚果成熟时旋卷，果瓣木质，种子黑色。

【花果期】花期秋季；果期冬春。

【产地】原产澳大利亚及新几内亚。广东、广西、福建有引种。

【繁殖】播种、扦插。

【应用】为岭南地区常见绿化树种，速生，萌发力极强，多用作绿荫树、行道树、防风林、防火林等。

羊蹄甲

Bauhinia purpurea
玲甲花
豆科羊蹄甲属

【识别要点】乔木或直立灌木，高7～10m。树皮厚，近光滑，灰色至暗褐色。叶硬纸质，近圆形，基部浅心形，先端分裂达叶长的1/3～1/2，裂片先端圆钝或近急尖，两面无毛或下面薄被微柔毛。总状花序侧生或顶生，少花，有时2～4个生于枝顶而成复总状花序，被褐色绢毛；花蕾近纺锤形，萼佛焰状，花瓣桃红色，倒披针形，具脉纹和长的瓣柄；能育雄蕊3。荚果带状，扁平，略呈弯镰状，成熟时开裂；种子近圆形，扁平。

【花果期】花期9～11月；果期2～3月。

【产地】我国南部。中南半岛、印度、斯里兰卡也有。

【繁殖】播种、扦插。

【应用】性强健，花期长，园林中常用于行道树或风景树，可与同属植物搭配种植。

铁刀木

Senna siamea
黑心树
豆科山扁豆属

【识别要点】乔木，高约10m。树皮灰色，近光滑，稍纵裂。小叶对生，6～10对，革质，长圆形或长圆状椭圆形，顶端圆钝，常微凹，有短尖头，基部圆形。总状花序生于枝条顶端的叶腋，并排成伞房花序状；花瓣黄色，阔倒卵形。荚果扁平，熟时带紫褐色；种子10～20颗。

【花果期】花期10～11月；果期12月至翌年1月。

【产地】云南。印度、缅甸、泰国也有。

【繁殖】播种。

【应用】生长迅速，抗性好，花美丽，为低维护优良树种，可用作园景树、行道树、遮阴树，也适合荒山绿化或用作薪炭林。

黄槐

Senna surattensis
黄槐决明
豆科山扁豆属

【识别要点】小乔木或灌木，高5～7m。分枝多，小枝有肋条，树皮颇光滑。叶轴及叶柄呈扁四方形，在叶轴上面最下2或3对小叶之间和叶柄上部有棍棒状腺体2～3枚；小叶7～9对，长椭圆形或卵形。总状花序生于枝条上部的叶腋内；萼片卵圆形，大小不等，花瓣鲜黄至深黄色，卵形至倒卵形，雄蕊10枚，全部能育。荚果扁平，带状，开裂。

【花果期】全年均可开花，主要花期秋季。

【产地】原产印度、斯里兰卡、印度尼西亚、菲律宾和澳大利亚、波利尼西亚等地。目前世界各地均有栽培。

【繁殖】播种。

【应用】花色金黄，花期长，为优良园林绿化树种，适合公园、绿地等路边、池畔等处栽培观赏。

大花田菁

Sesbania grandiflora
木田菁
豆科田菁属

【识别要点】小乔木，高4～10m，胸径达25cm。枝斜展，圆柱形。羽状复叶，小叶10～30对，长圆形至长椭圆形，叶轴中部小叶较两端者大，先端圆钝至微凹，有小突尖，基部圆形至阔楔形。总状花序下垂，具2～4花；花大，在花蕾时显著呈镰状弯曲；花萼绿色，有时具斑点，钟状；花冠白色、粉红色至玫瑰红色，旗瓣长圆状倒卵形至阔卵形，翼瓣镰状长卵形，不对称，龙骨瓣弯曲。荚果线形，稍弯曲，下垂，种子红褐色。

【花果期】花果期9月至翌年4月。
【产地】巴基斯坦、印度、孟加拉国、中南半岛、菲律宾、毛里求斯。我国台湾、广东、广西、云南有栽培。
【繁殖】播种。

【应用】花大，极美丽，目前在园林中有少量应用，适合公园、绿地等作观花树种。

多花紫薇

Lagerstroemia siamica
南洋紫薇
千屈菜科紫薇属

【识别要点】乔木，高约12m。叶椭圆状矩圆形或矩圆形，顶端渐尖或钝形，基部近圆形或急尖，幼时两面有黄色或锈色星状茸毛。大型圆锥花序顶生，被黄色或锈色星状绒毛；花萼钟形，花瓣近圆形，边缘波状。蒴果椭圆形，通常6瓣裂。

【花果期】花期秋季。
【产地】缅甸、泰国、马来西亚。
【繁殖】播种、扦插。

【应用】株形美观，为优良观花乔木，适合三五株丛植、孤植于草地上作风景树，也可植于路边作行道树。

樟叶槿 *Hibiscus grewiifolius*

锦葵科木槿属

【识别要点】常绿小乔木，高达7m。小枝圆柱形，淡灰白色。叶纸质至近革质，卵状长圆形至椭圆状长圆形，先端短渐尖，基部钝至阔楔形，全缘。花大，花瓣黄色，基部堇紫色，雄蕊黄色，雌蕊堇紫色。果单生于上部叶腋间，果梗长3～4.5cm，平滑无毛；小苞片9，线形，长1～1.5cm，平滑无毛；宿萼5，长圆状披针形，平滑无毛，下部1/5处合生成钟状；蒴果卵圆形，直径约2cm，果爿5，无毛；种子在每果爿内4～5粒，肾形，长约5mm，直径约3mm，背部密被绵毛。

【花果期】花期秋、冬；果期1～2月。

【产地】广东及海南保亭、崖县。生于海拔2 000m的山地森林中。越南、老挝、泰国、缅甸和印度尼西亚的爪哇等热带地区也有。

【繁殖】播种。

【应用】花大，金黄艳丽，在岭南地区有良好的适应性，目前极少栽培，可引种至公园、绿地等列植或孤植欣赏。

辣木 *Moringa oleifera*
辣木科辣木属

【识别要点】乔木，高3～12m。树皮软木质，枝有明显的皮孔及叶痕，小枝有短柔毛，根有辛辣味。叶通常为3回羽状复叶，羽片4～6对；小叶3～9片，薄纸质，卵形，椭圆形或长圆形，通常顶端的1片较大，叶背苍白色，无毛。花序广展，苞片小，线形；花具梗，白色，芳香。蒴果细长，种子近球形。

【花果期】花期全年，主要花期秋季；果期6～12月。

【繁殖】播种、扦插。

【产地】原产印度。现广植于各热带地区。

【应用】在华南地区偶见栽培，适合社区、公园等园路边绿化，通常栽培供观赏。根、叶和嫩果可食用；种子可榨油，为高级钟表润滑油。

白千层

Melaleuca leucadendron
千层皮
桃金娘科白千层属

【识别要点】乔木，高18m。树皮灰白色，厚而松软，呈薄层状剥落。叶互生，叶片革质，披针形或狭长圆形，两端尖，多油腺点，香气浓郁；叶柄极短。花白色，密集于枝顶成穗状花序，花序轴常有短毛；萼管卵形；花瓣5，卵形。蒴果近球形。

【花果期】每年多次开花。

【产地】原产澳大利亚。我国广东、台湾、福建、广西等地均有栽种。

【繁殖】播种、扦插。

【应用】株形美观，树干有较强的观赏性，花洁白，常用作行道树或风景树。

嘉宝果

Plinia cauliflora
树葡萄
桃金娘科树葡萄属

【识别要点】常绿小乔木。树皮呈薄片状脱落，具斑驳的斑块。叶对生，具短叶柄，叶椭圆形，革质，先端尖，基部楔形。花常簇生于主干及主枝上，新枝上较少，花小，白色。浆果成熟后黑色。

【花果期】一年多次开花。
【产地】原产巴西。
【繁殖】播种。

【应用】株形美观，叶果着生于老干上，极为奇特，在岭南地区有少量应用，适合庭园及风景区等孤植或列植于路边观赏。

金蒲桃

Xanthostemon chrysanthus
澳洲黄花树
桃金娘科金蒲桃属

【识别要点】小乔木或灌木，株高5～10m。叶色暗绿色，具光泽，宽披针形。花簇生枝顶，金黄色，花序呈球状。果实为蒴果。

【花果期】花期秋至春。
【产地】澳大利亚昆士兰的热带雨林中。
【繁殖】播种、高空压条。

【应用】株形挺拔，花簇生枝顶，金黄色，是十分优良的园林绿化树种，目前岭南地区已广泛应用，可孤植或群植于路边、林缘或水岸边。

桂花

Osmanthus fragrans
木犀
木犀科木犀属

【识别要点】常绿乔木或灌木，高3～5m，最高可达18m。树皮灰褐色。小枝黄褐色，无毛。叶片革质，椭圆形、长椭圆形或椭圆状披针形，先端渐尖，基部渐狭呈楔形或宽楔形，全缘或通常上半部具细锯齿，两面无毛。聚伞花序簇生于叶腋，或近于帚状，每腋内有花多朵；花极芳香；花萼裂片稍不整齐；花冠黄白色、淡黄色、黄色或橘红色。果歪斜，椭圆形，呈紫黑色。

【花果期】花期9～10月。
【产地】原产我国西南部。现各地广泛栽培。
【繁殖】高空压条、扦插。

【应用】为我国十大名花之一，花香馥郁，为常见栽培的芳香花卉，适于种植于道路两侧、假山、草坪、院落等地，孤植、列植效果均佳，也适合盆栽欣赏。花是名贵香料，可食用。

椰子

Cocos nucifera
椰树、可可椰子
棕榈科椰子属

【识别要点】常绿乔木，高15～30m。茎粗壮，常有簇生小根。叶裂片多数，外向折叠，线状披针形，顶端渐尖。花序腋生，花萼片3，花瓣3。果卵球状或近球形，顶端微具3棱。

【花果期】主要在秋季。

【产地】广东南部诸岛及雷州半岛、海南、台湾，以及云南南部热带地区。

【繁殖】播种。

【应用】株形美观，为著名的热带风光树种，果大，有极佳的观赏性，适合岭南地区的南部地区的路边、海岸边栽培观赏，也可作行道树。未熟胚乳（即果肉）可作为热带水果食用，椰子水可直接饮用。

酒瓶椰子

Hyophorbe lagenicaulis
酒瓶椰
棕榈科酒瓶椰子属

【识别要点】常绿乔木，茎单生，高1～3m，圆柱形，茎基较细，中部膨大，近茎冠处又收缩如瓶颈。羽状复叶簇生于茎顶，淡绿色。花序多分枝，油绿色。果实椭圆形，朱红色。

【花果期】花期8月；果实翌年3～4月。
【产地】马斯克林群岛。
【繁殖】播种。

【应用】茎干奇特，形如酒瓶，叶形飘逸，可孤植或群植于草坪、路边或庭院观赏。

牛乳树

Mimusops elengi
伊兰芷硬胶
山榄科香榄属

【识别要点】常绿小乔木，高3～4m。叶薄革质，椭圆形，顶端短渐尖或渐尖，基部楔形。花单生或数朵簇生于叶腋，花萼8裂，排成2轮，花冠白色，24～25裂，裂片披针形。果卵形，成熟后黄色。

【花果期】花期8～9月；果期冬季。

【产地】亚洲热带地区。我国南方引种栽培。

【繁殖】播种。

【应用】四季常青，冠形优美，叶具光泽，花洁芳香，岭南地区较少应用，适合园林用作风景树或行道树。

刺叶非洲苏铁

Encephalartos ferox
刺叶非洲铁
泽米铁科刺叶苏铁属

【识别要点】常绿棕榈状植物，茎干低矮。叶羽状深裂，下部羽片常退化成刺状，上部叶片具尖刺。雌雄异株，大孢子叶先端圆，无刺状突起或其他突起。种子直接生于大孢子叶上。

【花果期】花期秋、冬。

【产地】巴西、莫桑比克、南非。

【繁殖】播种。

【应用】株形美观，花色艳丽，适合公园、庭院于草地边缘、路边或山石边栽培观赏，也可盆栽。

摩尔苏铁

Macrozamia moorei
摩尔大泽米、澳洲苏铁
泽米铁科大泽米属

【识别要点】常绿小乔木，株高可达5m。叶簇生于茎顶，可多达150片，长可达3m，深青绿色，羽状深裂，羽片无主脉。雌花和球果灰绿色，大孢子叶先端有一长刺状突起。果实卵圆形，橙色。

【花果期】花期秋季。
【产地】澳大利亚。
【繁殖】播种。

【应用】株形美观古朴，适合公园、绿地等草地中、路边、水岸边种植观赏。

灌 木

珊瑚花 *Cyrtanthera carnea*
爵床科珊瑚花属

【识别要点】草本或半灌木，高达1m左右。茎四棱形。叶具柄，卵形、矩圆形至卵状披针形，顶端渐尖，基部阔楔形，下延，边全缘或微波状。穗状花序组成的圆锥花序穗状，顶生；花萼裂片5，条状披针形，近等大；花粉红紫色，2唇形，花冠筒稍短或与唇瓣等长，上唇顶端微凹，下唇反转，顶端3浅裂。蒴果有4粒种子。

【花果期】全年可见花，广州以秋季为盛。
【产地】巴西。我国引种栽培。
【繁殖】扦插。

【应用】花美丽，观赏性佳，可用于布置庭院、花园及景区的路边或花坛，也可点缀山石或水岸等处，还可盆栽观赏。

可爱花

Eranthemum pulchellum
喜花草、蓝花仔
爵床科喜花草属

【识别要点】灌木，高可达2m。枝四棱形，无毛或近无毛。叶对生，具叶柄，叶片通常卵形，有时椭圆形，长9～20cm，宽4～8cm，顶端渐尖或长渐尖，基部圆或宽楔形并下延，两面无毛或近无毛，全缘或有不明显的钝齿。穗状花序顶生和腋生，具覆瓦状排列的苞片；苞片大，叶状，白绿色；花萼白色；花冠蓝色或白色，高脚碟状。果实为蒴果。

【花果期】花期秋、冬季。
【产地】印度及热带喜马拉雅地区。我国引种栽培。
【繁殖】扦插。

【应用】花蓝艳可爱，有极高的观赏性，目前应用较少，适合园林绿地、庭园等地丛植或片植于路边、墙垣边或欣赏，宜与其他花色植物配植。

鸡冠爵床

Odontonema tubaeforme

红楼花、红苞花
爵床科鸡冠爵床属

【识别要点】常绿灌木，丛生，高约1m。单叶对生，卵状披针形。穗状花序，花红色，花萼钟状，5裂；花冠长管形，二唇形，上唇2裂，下唇3裂。果实为蒴果。

【花果期】花期9～12月。
【产地】中美洲热带雨林地区。
【繁殖】扦插。

【应用】花形奇特，色泽艳丽，在岭南有少量应用，适用于庭园的路边、墙垣边或一隅栽培，也可与其他花灌木配植。

灌
木

紫云杜鹃

Pseuderanthemum laxiflorum
紫云花
爵床科山壳骨属

【识别要点】常绿灌木，株高20～50cm，分枝较多。叶对生，长椭圆形或披针形，顶端渐尖，基部楔形，全缘。花长筒状，腋生，先端5裂，紫红色。

【花果期】主要花期秋季。
【产地】南美洲。
【繁殖】扦插。

【应用】花姿清雅，是优良的观花灌木，目前应用不多，可用于庭院、小区、公园、景区等片植、列植及丛植，也可大型盆栽。

直立山牵牛

Thunbergia erecta

硬枝老鸦嘴、立鹤花
爵床科山牵牛属

【识别要点】直立灌木，高达2m。茎四棱形，多分枝。叶片近革质，卵形至卵状披针形，有时菱形，先端渐尖，基部楔形至圆形，边缘具波状齿或不明显3裂。花单生于叶腋，无毛，花冠管白色，喉黄色，冠檐紫堇色，内面散布有小圆透明凸起。蒴果无毛。

【花果期】花期几乎全年。
【产地】原产西部非洲。我国各地广为栽培。
【繁殖】扦插、分株。

【应用】花形奇特，花期长，常用于公园、风景区、庭院丛植、片植或与其他花灌木配植，也可盆栽观赏。

凤尾兰

Yucca gloriosa
剑叶丝兰、凤尾丝兰
龙舌兰科丝兰属

【识别要点】多年生灌木状植物，茎明显。叶近莲座状簇生，坚硬，长状披针形或近剑形，先端具硬刺。花葶高大，花白色，下垂，圆锥花序。果实为蒴果。

【花果期】花期秋季。
【产地】北美洲。
【繁殖】扦插或分株。

【应用】株形美观，终年常绿，适应性极强，耐寒性好，栽培广泛，常用于路边、草坪中、墙垣边或一隅观赏。

沙漠玫瑰

Adenium obesum
天宝花
夹竹桃科天宝花属

【识别要点】多年生落叶肉质灌木或小乔木，株高1~2m，全株具有透明乳汁。单叶互生，倒卵形，顶端急尖，革质，有光泽，全缘。顶生总状花序，花钟形，花色有玫红、粉红、白及复色等。果实为角果。

【花果期】播种、扦插或高空压条。
【产地】非洲东部。
【繁殖】几乎全年见花。

【应用】为著名的多肉植物，株形苍劲优美，花繁茂，是优良的观花灌木，现园林中较少应用，可用于公园、校园等布置沙漠景观，盆栽可用于客厅、窗台、阳台等处装饰。

长春花

Catharanthus roseus
日日春、日日新
夹竹桃科长春花属

灌
木

【识别要点】半灌木，略有分枝，高达60cm。茎近方形，有条纹，灰绿色。叶膜质，倒卵状长圆形，先端浑圆，有短尖头，基部广楔形至楔形，渐狭而成叶柄。聚伞花序腋生或顶生，有花2～3朵；花萼5深裂，花冠红色，高脚碟状，花冠筒圆筒状，花冠裂片宽倒卵形。蓇葖果双生，直立，平行或略叉开。

【花果期】花果期几乎全年。
【产地】原产非洲东部。现热带及亚热带地区广泛栽培。
【繁殖】播种、扦插。

【应用】花期长，色泽明快，为岭南常见观花植物，适合花坛、路边或花境应用，盆栽可用于阳台、窗台等装饰。

红花蕊木 *Kopsia fruticosa*
夹竹桃科蕊木属

【识别要点】灌木，高达3m。叶纸质，椭圆形或椭圆状披针形，顶部具尾尖，基部楔形，两面无毛，上面深绿色，具光泽，下面淡绿色。聚伞花序顶生，花冠粉红色，花冠筒细长，喉部膨大，花冠裂片长圆形。核果通常单个；种子通常1颗，坛状。

【花果期】花期9月；果期秋、冬季。
【产地】印度尼西亚、印度、菲律宾和马来西亚。
【繁殖】播种、扦插。

【应用】四季常绿，花色美丽，适合庭园、景区、校园等路边、草坪中栽培观赏。

八角金盘 *Fatsia japonica*
手树
五加科八角金盘属

【识别要点】常绿灌木或小乔木，株高约2m。叶掌状，大型，革质有光泽，深裂，裂片为卵状长椭圆形，叶色浓绿，背面灰绿色，叶缘具小齿。花两性或杂性，聚生为伞形花序，再组成顶生圆锥花序；花瓣5，在花芽中镊合状排列。浆果。

【花果期】花期10~11月；果期翌年4~5月。
【产地】日本。
【繁殖】播种、扦插或高空压条。

【应用】株形美观，为常见的观叶植物，盆栽可置于客厅、窗台、阳台等光线较为充足的地方养护，园林中常用于水岸边、山石旁、林缘及园路两侧栽培观赏。

牛角瓜 *Calotropis gigantea*

断肠草、羊浸树、五狗卧花
萝藦科牛角瓜属

【识别要点】 直立灌木。叶对生，灰黄色，皱缩，厚纸质，嫩叶背面具白色柔毛，老叶无毛；倒卵状长圆形或椭圆状长圆形。聚伞花序，腋生和顶生，花冠阔钟状，蓝紫色，副花冠5裂，肉质。蓇葖果，牛角状。

【花果期】 花果期几乎全年。

【产地】 云南、四川、广西及广东等地。生于低海拔的向阳山坡、旷野地及海边。东南亚也有。

【繁殖】 播种、扦插或高空压条。

【应用】 花形奇特美丽，果实大，均有较高的观赏价值，可引种于公园、绿地或庭院的草地上、墙垣边或山石边栽培观赏；叶、根皮入药，叶有祛痰定喘功效，根皮治癣、梅毒等症；全株均有毒，忌误食。牛角瓜茎、叶含碳氢化合物，用溶解法或机械法从中可以提炼出白色汁液制取石油，又称"石油"树，为新兴的能源植物。

阔叶十大功劳

Mahonia bealei
大猫儿刺
小檗科十大功劳属

【识别要点】灌木或小乔木，高0.5～4(～8)m。叶狭倒卵形至长圆形，具4～10对小叶，小叶厚革质，硬直，自叶下部往上小叶渐次变长而狭，最下一对小叶卵形，具1～2粗锯齿，往上小叶近圆形至卵形或长圆形，基部阔楔形或圆形，偏斜，有时心形，边缘每边具2～6粗锯齿。总状花序直立，通常3～9个簇生；花黄色，外萼片卵形，中萼片椭圆形，内萼片长圆状椭圆形，花瓣倒卵状椭圆形，基部腺体明显，先端微缺。浆果卵形，深蓝色，被白粉。

【花果期】花期9月至翌年1月；果期3～5月。
【产地】华东、华中及华南等地区。生于海拔500～2 000m的林下、林缘、溪边或路边。
【繁殖】扦插、播种。

【应用】株形美观，叶形奇特，果实蓝艳可爱，园林中可用于草地、路边、假山石边栽培观赏。盆栽适合阳台、天台或阶旁美化；全株供药用，有清热解毒、清肿的功效。

十大功劳

Mahonia fortunei
狭叶十大功劳
小檗科十大功劳属

【识别要点】灌木，高0.5～2（～4）m。叶倒卵形至倒卵状披针形，具2～5对小叶，最下一对小叶外形与往上小叶相似，上面暗绿至深绿色，叶脉不显。总状花序4～10个簇生，花黄色；外萼片卵形或三角状卵形，中萼片长圆状椭圆形，内萼片长圆状椭圆形，花瓣长圆形。浆果球形，紫黑色，被白粉。

【花果期】花期秋季；果期11～12月。

【产地】广西、四川、贵州、湖北、江西及浙江。生于350～2 000m的山坡沟谷中、灌丛中、路边或河边。

【繁殖】扦插、播种。

【应用】花美丽，多用作绿篱，适合园路边、山石边等处，或植于林缘观赏。

芙蓉菊

Crossostephium chinense
香菊、玉芙蓉
菊科芙蓉菊属

【识别要点】半灌木，高10～40cm，上部多分枝，密被灰色短柔毛。叶聚生枝顶，狭匙形或狭倒披针形，全缘或有时3～5裂，顶端钝，基部渐狭，两面密被灰色短柔毛。头状花序盘状，生于枝端叶腋，排成有叶的总状花序。边花雌性，1列，花冠管状，顶端2～3裂齿，具腺点。瘦果矩圆形。

【花果期】花果期全年。
【产地】我国中南及东南部。中南半岛、菲律宾及日本也有。
【繁殖】播种、扦插。

【应用】花叶俱美，园林中常用作地被或作为色块植物应用于花坛、花境等，也适合庭园栽培观赏。

蓝星花 *Evolvulus nuttallianus*
旋花科土丁桂属

【识别要点】常绿半蔓性小灌木，株高30～80cm。茎叶密被白色绵毛。叶互生，长椭圆形，全缘。花腋生，花冠蓝色带白星状花纹。果实为蒴果。

【花果期】花期几乎全年。
【产地】北美洲。我国南方有栽培。
【繁殖】播种、扦插或分株。

【应用】花小，蓝艳可爱，在我国引进多年，但园林应用较少，适合庭院、公园、风景区等路边、花坛栽培，也是作地被植物的优良材料，盆栽用于阳台、窗台美化。

虎刺梅

Euphorbia milii
铁海棠、麒麟刺
大戟科大戟属

【识别要点】蔓生灌木。茎多分枝。叶互生，通常集中于嫩枝上，倒卵形或长圆状匙形，先端圆，具小尖头，基部渐狭，全缘。二歧状复花序，生于枝上部叶腋；苞叶2枚，肾圆形，上面鲜红色，下面淡红色，紧贴花序；雄花数枚，苞片丝状，先端具柔毛；雌花1枚，常不伸出总苞外。蒴果三棱状卵形，种子卵柱状。

【花果期】花期全年。
【产地】原产马达加斯加。现广泛栽培于热带和温带地区。
【繁殖】扦插。

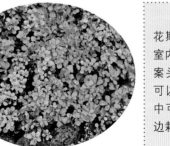

【应用】性强健，花期长，多盆栽用于室内装饰，适合窗台、案头、阳台点缀，也可以绑扎造型，园林中可用于路边、山石边栽培观赏。

琴叶珊瑚

Jatropha integerrima
变叶珊瑚、琴叶樱
大戟科麻疯树属

【识别要点】常绿灌木，株高 1～2m，具乳汁。叶互生，长椭圆形、倒卵状披针形。花单生，聚伞花序排成圆锥状，顶生花冠红色或粉色。蒴果成熟时为黑褐色。

【花果期】全年均可开花、结实。
【产地】古巴及伊斯帕尼奥拉岛。
【繁殖】播种、扦插。

【应用】花色鲜艳，为常见园林观花植物，常用于公园、社区、绿地等处的路边、池畔栽培观赏，也可大型盆栽用于厅堂装饰。

佛肚树 *Jatropha podagrica*
大戟科麻疯树属

【识别要点】直立灌木，不分枝或少分枝，茎基部或下部通常膨大呈瓶状。枝条粗短，肉质。叶盾状着生，轮廓近圆形至阔椭圆形，顶端圆钝，基部截形或钝圆，全缘或2～6浅裂，上面亮绿色，下面灰绿色，两面无毛。花序顶生，具长总梗，分枝短，红色，花萼裂片近圆形；花瓣倒卵状长圆形，红色。蒴果椭圆状，种子平滑。

【花果期】花果期几乎全年。
【产地】美洲热带地区。
【繁殖】播种、扦插。

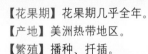

【应用】形态奇特，花红艳，适合公园、风景区或庭院的路边、角隅或墙垣边栽培观赏，也可盆栽用于阳台、客厅、卧室等处装饰。

灌木

朱缨花
Calliandra haematocephala
美蕊花
豆科朱缨花属

【识别要点】落叶灌木或小乔木，高1～3m。枝条扩展，小枝圆柱形。2回羽状复叶，羽片1对，小叶7～9对，斜披针形，中上部的小叶较大，下部的较小，先端钝而具小尖头，基部偏斜，边缘被疏柔毛。头状花序腋生，有花25～40朵；花萼钟状；花冠管淡紫红色，顶端具5裂片，裂片反折，雄蕊管白色，上部离生的花丝深红色。荚果线状倒披针形，成熟时由顶至基部沿缝线开裂，果瓣外翻；种子5～6颗，长圆形。

【花果期】几乎一年四季见花，以秋冬为盛。
【产地】原产南美洲。现热带、亚热带地区常有栽培。我国台湾、福建、广东有引种。
【繁殖】播种、扦插。

【应用】花大，花形奇特，极美丽，园林中常用于路边列植或孤植欣赏，也是庭院绿化的优良材料。

红粉扑花

Calliandra tergemina var. *emarginata*
小朱缨花
豆科朱缨花属

【识别要点】半落叶灌木，株高1～2m。2回羽状复叶，小叶对生，歪椭圆状披针形，全缘，叶面平滑，夜间闭合，白天展开。头状花序，花鲜红色，荚果扁平形。

【花果期】花期春、秋两季。
【产地】墨西哥至危地马拉一带。
【繁殖】播种、扦插。

【应用】花形奇特，花色鲜艳，目前应用广泛，多用于公园、绿地、景区等地，丛植、片植景观效果皆佳，也可与其他花灌木配植。

纳塔尔刺桐 *Erythrina humeana*
豆科刺桐属

【识别要点】常绿灌木，株高可达4m。叶卵圆形或长圆形，有时戟状，先端尖，基部楔形，全缘。花轮生或近轮生于花枝上，红色。荚果。

【花果期】花期秋、春两季。
【产地】原产南非。
【繁殖】播种、扦插。

【应用】花序大，花美丽奇特，目前在园林中有少量应用，适合植于公园、绿地或庭院一隅、路边、山石边欣赏。

双荚黄槐

Senna bicapsularis
双荚决明
豆科山扁豆属

【识别要点】直立灌木，多分枝，无毛。有小叶3～4对；小叶倒卵形或倒卵状长圆形，膜质，顶端圆钝，基部渐狭，偏斜，下面粉绿色。总状花序生于枝条顶端的叶腋间，常集成伞房花序状，长度约与叶相等，花鲜黄色，雄蕊10枚，7枚能育，3枚退化而无花药，能育雄蕊中有3枚特大，高出于花瓣，4枚较小，短于花瓣。荚果圆柱状，膜质，直或微曲。

【花果期】花期10～11月；果期11月至翌年3月。
【产地】原产美洲热带地区。现广布于全世界热带地区。广东、广西等地有栽培。
【繁殖】播种。

【应用】花色明艳，花期长，园林中常用于路边、池畔、林缘下丛植或列植，也可修剪成花篱观赏。

光荚含羞草

Mimosa bimucronata
簕仔树
豆科含羞草属

【识别要点】落叶灌木，高3～6m。小枝无刺，密被黄色茸毛。2回羽状复叶，羽片6～7对，小叶20对左右，线形，革质，先端具小尖头。头状花序球形；花白色；花瓣长圆形。荚果带状，劲直，通常有5～7个荚节。

【花果期】花期秋季。
【产地】原产热带美洲。广东南部沿海地区逸生于疏林下。
【繁殖】播种。

【应用】抗性极强，对土壤没有特殊要求。花白色，繁密，园林中多用作绿篱或用于荒坡绿化，也可植于园路边欣赏。

叶上花

Ruscus hypoglossum
舌苞假叶树
百合科假叶树属

【识别要点】常绿灌木，株高约
0.5m，具变态的叶状茎。叶片退化。
花小，绿白色，生于叶状枝中脉的中下
部，具附属物。浆果红色。

【花果期】花期几乎全年。
【产地】从西班牙到伊朗的地中海北
岸地区。
【繁殖】播种。

【应用】植株美观，茎奇特，极适
合公园、校园等地种植作科普材料。

细叶萼距花

Cuphea hyssopifolia
紫花满天星
千屈菜科萼距花属

【识别要点】矮小多分枝小灌木，植株高20～50cm。叶小，对生或近对生，纸质，狭长圆形至披针形，顶端稍钝或略尖，基部钝，稍不等侧，全缘。花单朵，腋外生，紫色或紫红色，花瓣6片。蒴果近长圆形，较少结果。

【花果期】花期全年。

【产地】原产墨西哥及危地马拉。现热带地区广为种植。

【繁殖】播种、扦插。

【应用】花形别致，优雅可爱，花期长，适于公园、绿地及庭院等的路边、山石边栽培观赏，也可作绿篱或地被植物。

红叶槿

Hibiscus acetosella
紫叶槿
锦葵科木槿属

【识别要点】常绿灌木，株高1～3m。叶互生，近紫色，轮廓近宽卵形，掌状3～5裂或深裂，裂片边缘有波状疏齿。花单生于枝条上部叶腋，花冠绯红色，有深色脉纹，中心暗紫色。果实为蒴果。

【花果期】主要花期秋、冬两季。

【产地】热带美洲。我国南方有栽培。

【繁殖】播种、分株或扦插。

【应用】性强健，花美丽，为岭南地区少见的色叶树种，可用于公园、庭院或小区植于墙垣边、路边或草地边缘及林缘绿化。

白炽花 *Hibiscus macilwraithensis*
锦葵科木槿属

【识别要点】灌木，高1～4m。叶片长卵形，前端宽，基部渐狭，无叶柄。花生于叶腋，单生，萼片绿色，花瓣白色。蒴果近球形。

【花果期】花期几乎全年。

【产地】澳大利亚雨林和季雨林的边缘。

【繁殖】播种。

【应用】花小，观赏性佳，为近年来引种的观赏植物，园林中尚未应用，可用于园路边、山石边或庭院一隅栽培观赏。

木芙蓉

Hibiscus mutabilis
芙蓉花、酒醉芙蓉
锦葵科木槿属

【识别要点】落叶灌木或小乔木，高2～5m。小枝、叶柄、花梗和花萼均密被星状毛与直毛相混的细绵毛。叶宽卵形至圆卵形或心形，常5～7裂，裂片三角形，先端渐尖，具钝圆锯齿，上面疏被星状细毛和点，下面密被星状细茸毛。花单生于枝端叶腋间，萼钟形，裂片5，卵形，花初开时白色或淡红色，后变深红色，花瓣近圆形。蒴果扁球形，果爿5，种子肾形。

【花果期】花期9～11月；果期12月。

【产地】湖南。现国内大部分地区有栽培。日本和东南亚各国也有。

【繁殖】扦插、高空压条。

【应用】花大色丽，为我国久经栽培的园林观赏植物。花叶供药用，有清肺、凉血、散热和解毒之功效。

垂花悬铃花

Malvaviscus arboreus
悬铃花
锦葵科悬铃花属

【识别要点】灌木，高达2m。小枝被长柔毛。叶卵状披针形，先端长尖，基部广楔形至近圆形，边缘具钝齿，两面近于无毛或仅脉上被星状疏柔毛。花单生于叶腋，萼钟状，花红色，下垂，筒状，仅于上部略开展。果未见。

【花果期】几乎全年可见花，以秋季为盛。
【产地】原产墨西哥和哥伦比亚。
【繁殖】扦插。

【应用】全年开花，花色艳丽，适合庭院、公园丛植、片植于草地、路边或池畔等处观赏，盆栽可用于阳台及天台装饰。

小悬铃

Malvaviscus arboreus var. drummondii
小茯桑、冲天槿
锦葵科悬铃花属

【识别要点】小灌木，高约1m。小枝圆柱形，被疏长柔毛。叶宽心形至圆心形，先端渐尖，基部心形，边缘具不规则钝齿，通常钝3裂，有时5裂，两面均疏被星状柔毛。花单生于叶腋间，被柔毛；小苞片匙形，萼钟形，裂片5，花冠红色，管状，雄蕊柱突出于花冠管外。果未见。

【花果期】几乎全年可见花，以秋季为盛。
【产地】原产古巴至墨西哥。我国华东、华南地区有栽培。
【繁殖】扦插。

【应用】花小艳丽，极美丽，为优良的观花灌木，可植于公园、小区、风景区等地的园路边、林缘栽培观赏。

灌

木

宫粉悬铃花

Malvaviscus arboreus 'Variegata'
锦葵科悬铃花属

【识别要点】灌木，高达2m。小枝被长柔毛。叶卵状披针形，先端长尖，基部广楔形至近圆形，边缘具钝齿。花单生于叶腋，萼钟状，花粉色，下垂，筒状，仅于上部略开展，花蕊长于花冠。果未见。

【花果期】几乎全年可见花，以秋季为盛。
【产地】园艺种，华南、西南等地有栽培。
【繁殖】扦插。

【应用】性强健，花美丽，在华南地区适应性好，在园林中常见应用，多丛植于园路边或一隅欣赏。

金英

Thryallis gracilis
金英花
金虎尾科金英属

【识别要点】灌木，高1～2m。枝柔弱，淡褐色，老枝无毛。叶对生，膜质，长圆形或椭圆状长圆形，先端钝或圆形，具短尖，基部楔形。总状花序顶生，萼片卵圆形，花瓣黄色，长圆状椭圆形，花丝黄色。蒴果球形。

【花果期】花期8～9月；果期10～11月。

【产地】原产美洲热带地区。现广泛栽培于其他热带地区。我国广州、西双版纳植物园有栽培。

【繁殖】扦插、高空压条。

【应用】花金黄美丽，目前岭南地区栽培较少，适合公园、绿地或庭院栽培观赏，盆栽可用于阳台、天台绿化。

毛菍 *Melastoma sanguineum*
野牡丹科野牡丹属

【识别要点】大灌木，高1.5～3m。茎、小枝、叶柄、花梗及花萼均被平展的长粗毛。叶片坚纸质，卵状披针形至披针形，顶端长渐尖或渐尖，基部钝或圆形，全缘，基出脉5。伞房花序，顶生，常仅有花1朵，有时3(～5)朵；花瓣粉红色或紫红色，5(～7)枚，广倒卵形，上部略偏斜，顶端微凹。果杯状球形，胎座肉质。

【花果期】花果期几乎全年，以秋季为盛。

【产地】广西、广东。生于海拔400m以下的坡脚、沟边，以及湿润的草丛或矮灌丛中。印度、马来西亚至印度尼西亚也有。

【繁殖】播种、扦插。

【应用】性强健，为优良的乡土观花植物，可片植或丛植于草地中、林缘、路边观赏。

巴西野牡丹 *Tibouchina semidecandra*

野牡丹科丽蓝木属

【识别要点】常绿小灌木，株高一般30～60cm，也可达1m以上。叶对生，长椭圆至披针形，叶面具细茸毛，全缘。花顶生，花冠紫蓝色，中心白色。果实为蒴果。

【花果期】花期几乎全年

【产地】巴西低海拔的山地或平地。我国南方引种栽培。

【繁殖】扦插。

【应用】为著名观花植物，花期长，性强健，极为艳丽，为不可多得的观花灌木，适合用于路边、草地中或林缘丛植或片植观赏，盆栽适合阳台、窗台或天台绿化。

灌木

63

缅甸树萝卜 *Agapetes burmanica*
杜鹃花科树萝卜属

【识别要点】附生常绿灌木，高1.5～2m。根膨大成块状或萝卜状。叶假轮生，叶片革质，长圆状披针形，先端短锐尖或渐狭，基部圆形或微心状耳形，边缘稍微或明显具波状锯齿。总状花序短，生于老枝上，有花3～5朵，花冠圆筒形，中部稍宽，玫瑰红色，具暗紫色横纹，无毛，裂片狭三角形，稍锐尖，开花时平展，淡绿色。果熟时大，花萼宿存。

【花果期】花期9～12月；果期12月至翌年1月。

【产地】云南、西藏。附生于海拔720～1 460m的石灰岩疏林或灌丛中，或林中树上。缅甸也有。

【繁殖】播种。

【应用】花大，极美丽，为著名观赏植物，在岭南地区园林中尚未应用，可植于公园、庭院的路边、草地或一隅。

希茉莉

Hamelia patens
长隔木
茜草科长隔木属

【识别要点】红色灌木，高2～4m。嫩部均被灰色短柔毛。叶通常3枚轮生，椭圆状卵形至长圆形，顶端短尖或渐尖。聚伞花序有3～5个放射状分枝；花无梗，沿着花序分枝的一侧着生；萼裂片短，三角形；花冠橙红色，冠管狭圆筒状。浆果卵圆状，暗红色或紫色。

【花果期】温度适宜，可全年开花。

【产地】原产巴拉圭等拉丁美洲各国。我国南部和西南部有栽培。

【繁殖】扦插。

【应用】花期长，花秀丽可爱，极具观赏性，为岭南园林常见栽培的观花灌木，适合庭园、风景区、社区等栽培观赏。

岭南秋季花木

大王龙船花 *Ixora casei*
茜草科龙船花属

【识别要点】常绿灌木，株高
1.5～2m。叶对生，具短柄；长
椭圆形，顶端尖，基部楔形，叶
绿色，全缘。花序顶生，多花，
高脚碟状，花冠红色。核果球形。

【花果期】主花期秋季，夏
季也可见花。
【产地】原产密克罗尼西亚。
现广泛种植在世界各地。
【繁殖】扦插。

【应用】开花繁
盛，花色艳丽，为优良
的观花灌木，园林中常
见应用，多丛植于草地
中、园路边或山石边观
赏。

小叶龙船花 *Ixora coccinea* 'Xiaoye'
茜草科龙船花属

【识别要点】常绿灌木，株高约50cm。叶小，对生，无柄；长椭圆形，顶端尖，基部渐狭，全缘。花序顶生，多花，高脚碟状，花冠红色、黄色、粉红色等。核果球形。

【花果期】花期几乎全年，秋季最盛。
【产地】栽培种。
【繁殖】扦插。

【应用】花极为繁密，花色丰富，花期长，园林中常见应用，可丛植于草坪、一隅或园路边，也常用作花篱。

鸳鸯茉莉

Brunfelsia acuminata
双色茉莉
茄科鸳鸯茉莉属

【识别要点】多年生常绿灌木，高50～100cm。单叶互生，矩圆形或椭圆状矩形，先端渐尖，全缘。花单生或呈聚伞花序，高脚蝶状，初开时淡紫色，随后变成淡雪青色，再后变成白色。浆果。

【花果期】花期几乎全年，10～12月为盛开期；果期春季。
【产地】原产美洲。我国华南、西南等地广为栽培。
【繁殖】扦插或高空压条。

【应用】花开二色，素雅别致，是优良的观花灌木，可用于路边、林缘、山石边或花坛栽培观赏，也是庭院绿化的优良材料，多片植。

大花鸳鸯茉莉

Brunfelsia calycina
大花双色茉莉
茄科鸳鸯茉莉属

【识别要点】多年生常绿灌木，株高可达2m以上。叶较大，单叶互生，长披针形，全缘，纸质，叶缘略波皱。花大，单生或2～3朵簇生于枝顶，高脚碟状，初开时蓝色，后转为白色，芳香。

【花果期】花期几乎全年，10～12月为盛开期；果期春季。
【产地】热带美洲。我国华南等地有栽培。
【繁殖】扦插或高空压条。

【应用】花大芳香，开花时节繁花满树，为岭南地区常见的观花树种，是园林边、墙垣边绿化的优良材料，也适合庭院栽培观赏。

灌木

黄瓶子花

Cestrum aurantiacum
黄花夜香树
茄科夜香树属

【识别要点】灌木，全体近无毛或在嫩枝上有短柔毛。叶有柄，叶片卵形或椭圆形，上面深绿色，下面淡绿，顶端急尖，基部近圆形或阔楔形，全缘。总状式聚伞花序，顶生或腋生花萼钟状，萼齿5，花冠筒状漏斗形，金黄色，筒在基部紧缩。浆果梨状。

【花果期】花期全年。
【产地】原产南美洲。我国广东有栽培。
【繁殖】扦插。

【应用】花形奇特，具芳香，适合公园、庭园、小区绿化植于路边、墙边或林缘处绿化，也是庭院或盆栽的优良观花灌木。

水莲木

Grewia occidentalis
紫花捕鱼木
椴树科扁担杆属

【识别要点】灌木，枝条柔软，可造型。叶互生，具基出脉，叶卵圆形，选端钝，边缘有锯齿，具叶柄。花两性或单性雌雄异株，3朵组成腋生的聚伞花序；萼片及花瓣各5片，花瓣比萼片短；均为紫红色，花瓣颜色略浅。核果。

【花果期】全年都可开花。
【产地】原产非洲中南部。
【繁殖】播种、扦插。

【应用】为近年来引进的观赏植物，花期长，抗旱，易造型，花极美丽，可于公园、校园、庭院等篱垣边、小型花架及园路边种植观赏。

岭南秋季花木

舞女蒲桃

Xanthostemon verticillatus
'Cream Dancer'
桃金娘科金蒲桃属

【识别要点】常绿灌木。叶密集，具短柄，叶片3或4枚轮生，披针形，先端钝，基部楔形，全缘，近革质。总状花序，腋生，有花3～15朵，圆球形，花瓣退化，萼片5～6枚，乳白色，花蕊乳白色至奶黄色。

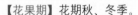

【花果期】花期秋、冬季。
【产地】栽培种。原种产于澳大利亚昆士兰州。
【繁殖】播种、扦插。

【应用】幼枝和叶片主脉呈红色，花大美丽，有较高的观赏价值，可用于庭园路边或草坪中孤植或丛植观赏。

倒挂金钟

Fuchsia hybrida
吊钟海棠、灯笼花
柳叶菜科倒挂金钟属

【识别要点】半灌木。茎直立，多分枝，被短柔毛与腺毛。叶对生，卵形或狭卵形，中部的较大，先端渐尖，基部浅心形或钝圆，边缘具远离的浅齿或齿突，脉常带红色。花两性，单一，稀成对生于茎枝顶叶腋，下垂；花管红色，筒状，上部较大；萼片4，红色，开放时反折；花瓣色多变，紫红、红、粉红或白色，排成覆瓦状，宽倒卵形。果实紫红色，倒卵状长圆形。

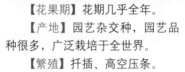

【花果期】花期几乎全年。
【产地】园艺杂交种，园艺品种很多，广泛栽培于全世界。
【繁殖】扦插、高空压条。

【应用】花形奇特，似灯笼悬于枝条之上，极为雅致，在我国广泛栽培，多作盆栽用于室内装饰，也常吊盆栽植用于廊架绿化或造景。

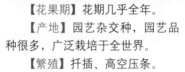
灌木

蕾芬

Rivina humilis
数珠珊瑚
商陆科蕾芬属

【识别要点】半灌木，高30～100cm。茎直立，枝开展，幼时被短柔毛。叶稍稀疏，互生，叶片卵形，顶端长渐尖，基部急狭或圆形，边缘有微锯齿。总状花序直立或弯曲，腋生，稀顶生；花被片椭圆形或倒卵状长圆形，顶端圆或稍尖，凹或平，白色或粉红色。浆果豌豆状，红色或橙色，附着种子上；种子双凸镜状。

【花果期】花果期几乎全年。

【产地】原产热带美洲。我国南方有栽培。

【繁殖】播种。

【应用】花序美丽，果实艳丽，有红、橙二色，极美丽，可作为观花、观果植物用于花境、花坛或园路边栽培观赏。

白花丹

Plumbago zeylanica
白花藤、白花谢三娘
白花丹科白花丹属

【识别要点】常绿半灌木，高1~3m。茎直立，多分枝，枝条开散或上端蔓状。叶薄，通常长卵形，先端渐尖，下部骤狭成钝或截形的基部而后渐狭成柄。穗状花序通常含25~70枚花；花冠白色或微带蓝白色，裂片倒卵形，先端具短尖。蒴果长椭圆形，淡黄褐色；种子红褐色。

【花果期】花期10月至翌年3月；果期12月至翌年4月。

【产地】台湾、福建、广东、广西、贵州、云南和四川。南亚和东南亚各国也有。

【繁殖】扦插。

【应用】花色洁白素雅，精致可爱，适合布置花坛、花台或植于路边、山石边观赏，也可用于花境。

杜鹃红山茶 *Camellia azalea*
杜鹃叶山茶、假大头茶
山茶科山茶属

【识别要点】灌木,高1～2.5m。嫩枝红色,无毛;老枝灰色。叶革质,倒卵状长圆形,有时长圆形,先端圆或钝,基部楔形,多少下延,全缘,偶或近先端有少数齿突。花深红色,单生于枝顶叶腋,花瓣5～6片,长倒卵形,外侧3片较短。蒴果短纺锤形,果爿木质,3爿裂开,每室有种子1～3粒。

【花果期】花期7～12月,果期8～9月,在岭南地区其他季节也可见花。

【产地】广东阳春。生于海拔100～500m的丘陵森林及河畔。

【繁殖】嫁接、播种。

【应用】为少见的单瓣种,花色艳丽,为优良的观花树种,现已广泛引种,多嫁接于油茶及红皮糙果茶上用于园林绿化或盆栽观赏。

垂茉莉 *Clerodendrum wallichii*
马鞭草科大青属

【识别要点】直立灌木或小乔木，高2～4m。小枝锐四棱形或呈翅状，无毛，髓部充实。叶片近革质，长圆形或长圆状披针形，顶端渐尖或长渐尖，基部狭楔形，全缘，两面无毛。聚伞花序排列成圆锥状，下垂，每聚伞花序对生或交互对生，着花少数，花序梗及花序轴锐四棱形或翅状，花萼裂片卵状披针形，果时增大增厚，鲜红色或紫红色；花冠白色，裂片倒卵形。核果球形，初时黄绿色，成熟后紫黑色。

【花果期】花果期10月至翌年4月。

【产地】广西、云南和西藏。生于海拔100～1190m的山坡、疏林。印度、孟加拉国、缅甸北部至越南中部也有分布。

【繁殖】播种、扦插。

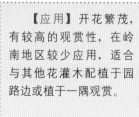

【应用】开花繁茂，有较高的观赏性，在岭南地区较少应用，适合与其他花灌木配植于园路边或植于一隅观赏。

马缨丹

Lantana camara
五色梅
马鞭草科马缨丹属

【识别要点】直立或蔓性的灌木，高1～2m，有时藤状，长达4m。单叶对生，揉烂后有强烈的气味，叶片卵形至卵状长圆形，顶端急尖或渐尖，基部心形或楔形，边缘有钝齿。花序梗粗壮，花萼管状，花冠黄色或橙黄色，开花后不久转为深红色。果实圆球形，成熟时紫黑色。

【花果期】花期全年。

【产地】原产美洲热带地区。世界热带地区均有分布。现在我国台湾、福建、广东、广西已逸生，常生长于海拔80～1 500m的海边沙滩和空旷地区。

【繁殖】播种、扦插。

【应用】性强健，花色繁多，花美丽，花期长，适合庭园的路边、池畔、坡地等绿化美化。此种有入侵性，应用时注意控制种子传播。

麻雀花

Aristolochia ringens
孔雀花
马兜铃科马兜铃属

【识别要点】多年生缠绕草质藤本，茎长2m以上。叶纸质，卵状心形，顶端钝尖或圆，基部心形。花单生于叶腋，具长柄，花下部膨大，上部收缩，檐二唇状，下唇较上唇长约一倍，花暗褐色，具灰白斑点。果实为浆果。

【花果期】花期秋季。
【产地】南美洲。
【繁殖】播种。

【应用】花形奇特，花期较长，具有极高的观赏价值，适合公园、庭院等的花架、篱垣、小型廊架等处栽培观赏，也可盆栽。

贝拉球兰 *Hoya lanceolata* subsp. *bella*
萝藦科球兰属

【识别要点】 多年生蔓性灌木。节间较长，茎自然下垂。叶对生，叶片小而薄，披针形，叶面翠绿色，叶背绿白色，先端尖，基部楔形。花序顶生或叶腋间伸出，伞形花序，着花 7～9 朵，花白色。果实为蓇葖果。

【花果期】花期秋季。
【产地】印度、泰国及缅甸等地。
【繁殖】扦插。

【应用】小型藤本，花极美丽，可附着于树干或盆栽欣赏。

方叶球兰

Hoya rotundiflora
香花球兰、石草鞋
萝藦科球兰属

【识别要点】附生藤状灌木,茎被黄毛。叶薄革质,椭圆状披针形至椭圆形,有时倒披针形,长7～10cm,宽2～3cm(最大19cm×4cm),顶端短渐尖至钝形,基部楔形至狭圆形,有时间有小叶,两面均被黄色长柔毛,叶面略稀疏,叶柄亦被黄色长柔毛。伞形聚伞花序腋生,长达9cm;花白色,有香味;副花冠星状,其裂片的外角圆形。果实为蓇葖果。

【花果期】花期9～12月。

【产地】云南、贵州、四川和广西等地。生长于海拔1 000m以下山地密林中,附生于大树上或大石上。

【繁殖】扦插。

【应用】小型藤本,叶奇特,花美丽,可附着于树干或盆栽欣赏。

紫芸藤

Podranea ricasoliana
非洲凌霄
紫葳科非洲凌霄属

【识别要点】常绿半蔓性灌木。奇数羽状复叶，对生，小叶长卵形，先端尖，叶缘具锯齿。花顶生，花冠铃形，花色粉红色至淡紫色。果实为蒴果，种子卵形。

【花果期】花期秋至春季。
【产地】南非。
【繁殖】扦插。

【应用】花大美丽，花期长，适合公园、庭院的花架、篱垣等垂直绿化，盆栽可用于阳台、客厅等装饰。

蒜香藤

Pseudocalymma alliaceum
张氏紫葳
紫葳科蒜香藤属

【识别要点】常绿木质藤本。3出复叶对生，中叶椭圆形，全缘。圆锥花序腋生，花冠筒状，花瓣前端5裂，花初开为紫色，后渐淡，变至白色。花及叶经过揉搓之后有浓浓的蒜香味。果实为荚果。

【花果期】花期春、秋两季，以秋季为盛。
【产地】印度、哥伦比亚、阿根廷。
【繁殖】扦插。

【应用】因叶有大蒜味道，故名。本种开花繁茂，极为艳丽，适于公园、绿地或庭院用于棚架、绿篱垂直绿化，也可修剪成灌木状植于路边、墙垣边观赏。

硬骨凌霄
Tecomaria capensis
四季凌霄
紫葳科硬骨凌霄属

【识别要点】常绿半蔓性或直立灌木，高约2m。枝细长，皮孔明显。奇数羽状复叶，对生，小叶卵形至椭圆状卵形，缘具齿。总状花序顶生，花冠漏斗状，橙红至鲜红色。蒴果扁线形，多不结实。

【花果期】花期9～11月，夏季也可见花。

【产地】南非。

【繁殖】扦插。

【应用】性强健，生长快，可用于公园、风景区或社区的路边、山石边绿化或用于小型棚架绿化，也适合与其他花灌木配植。

叶仙人掌

Pereskia aculeata
木麒麟、虎刺
仙人掌科木麒麟属

【识别要点】攀缘灌木，高3～10m。基部主干直径达2～3cm，灰褐色，表皮纵裂；分枝多数，圆柱状，小窠生叶腋，垫状。叶片卵形、宽椭圆形至椭圆状披针形，先端急尖至短渐尖，边缘全缘，基部楔形至圆形，稍肉质，无毛，上面绿色，下面绿色至紫色。花于分枝上部组成总状或圆锥状花序，辐射状，芳香，萼状花被片2～6，卵形至倒卵形，淡绿色或边缘近白色；瓣状花被片6～12，倒卵形至匙形，白色，或略带黄色或粉红色。浆果淡黄色，倒卵球形或球形。

【花果期】花期秋季。
【产地】原产中美洲、南美洲北部及东部、西印度群岛。我国云南、广西、广东、福建、台湾、浙江及江苏南部栽培。
【繁殖】扦插。

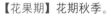

【应用】花淡雅，具清香，是优良的观花植物，适合作绿篱、栅栏、小型棚架等绿化。因其茎具刺，不适合幼儿园、小学校园绿化。

85

紫叶番薯

Ipomoea batatas `Black Heart`
紫叶薯
旋花科番薯属

【识别要点】茎蔓性，匍匐生长，具块根。叶互生，心形，全缘，叶片紫色，叶脉叶背紫色。聚伞花序腋生，花冠浅粉色，钟状或漏斗状。果实为蒴果。

【花果期】花期秋季。
【产地】栽培种。
【繁殖】扦插。

【应用】叶色美观，观赏性强，园林中常用于路边、林下、山石边或水岸边作地被植物，也可牵引垂直绿化。

金叶番薯

Ipomoea batatas 'Marguerite'
金叶薯
旋花科番薯属

【识别要点】茎蔓性，匍匐生长，具块根。叶互生，心形，边缘有浅裂或全缘，金黄色。聚伞花序腋生，花冠淡粉色，钟状或漏斗状。果实为蒴果。

【花果期】花期秋季。
【产地】栽培种。
【繁殖】扦插。

【应用】叶色金黄，极为明艳，观赏性极佳，园林中常用于路边、林下、山石边或水岸边作地被植物，也可牵引垂直绿化。

五爪金龙

Ipomoea cairica
五爪龙、牵牛藤
旋花科番薯属

【识别要点】多年生缠绕草本，老时根上具块根。茎细长，有细棱。叶掌状5深裂或全裂，裂片卵状披针形、卵形或椭圆形，中裂片较大，两侧裂片稍小，顶端渐尖或稍钝，具小短尖头，基部楔形渐狭，全缘或不规则微波状，基部1对裂片通常再2裂。聚伞花序腋生，具1～3花，或偶有3朵以上；萼片稍不等长，外方2片较短、卵形，内萼片稍宽；花冠紫红色、紫色或淡红色，偶有白色，漏斗状。蒴果近球形，种子黑色。

【花果期】花果期几乎全年。

【产地】原产热带亚洲及非洲。在我国台湾、福建、广东、广西及云南已归化，生于海拔90～610m的平地或山地路边灌丛。

【繁殖】播种。

【应用】性强健，侵占性强，引种需慎重。花大美丽，花期长，可用于棚架、花架等垂直绿化，也可作地面覆盖植物。

牵牛

Ipomoea nil
喇叭花、牵牛花
旋花科番薯属

【识别要点】一年生缠绕草本，茎上被倒向的短柔毛及杂有倒向或开展的长硬毛。叶宽卵形或近圆形，深或浅的3裂，偶5裂，基部圆，心形，中裂片长圆形或卵圆形，渐尖或骤尖，侧裂片较短，三角形，裂口锐或圆。花腋生，单一或通常2朵着生于花序梗顶；花冠漏斗状，蓝紫色或紫红色，花冠管色淡。蒴果近球形，种子卵状三棱形。

【花果期】花期夏至秋，广州多于秋末至早春应用。
【产地】原产热带美洲。在我国已归化。
【繁殖】播种。

【应用】为常见的庭园花卉，花大，开花时间长，品种繁多，可用于小型棚架、栅栏等绿化。

多裂鱼黄草

Merremia dissecta
七爪牵牛花、七爪金龙
旋花科鱼黄草属

【识别要点】茎缠绕、细长，圆柱形，具条纹。叶掌状分裂近达基部，具5～7披针形、具小短尖头、边缘具粗齿至不规则的羽裂片，两面无毛或背面脉上被毛。花序梗腋生，1至少花，花冠漏斗状，白色，喉部紫红色，冠檐具5条明显的带，带上具脉。蒴果球形。

【花果期】花期秋季。

【产地】原产美洲。在非洲、印度、东南亚，以至澳大利亚的昆士兰都已归化栽培作观赏，偶为逸生。

【繁殖】播种。

【应用】花大美丽，园林中较少应用，可引种至庭园、校园、社区的小型棚架及绿廊等绿化。

篱栏网

Merremia hederacea
鱼黄草、茉栾藤、小花山猪菜
旋花科鱼黄草属

【识别要点】缠绕或匍匐草本，匍匐时下部茎上生须根。叶心状卵形，顶端钝，渐尖或长渐尖，具小短尖头，基部心形或深凹，全缘或通常具不规则的粗齿或锐裂齿，有时为深或浅3裂。聚伞花序腋生，有3～5朵花，有时更多或偶为单生；花冠黄色，钟状。蒴果扁球形或宽圆锥形，4瓣裂。

【花果期】花期秋季。

【产地】台湾、广东、海南、广西、江西、云南。生于海拔130～760m的灌丛或路旁草丛。热带非洲、热带亚洲及大洋洲也有。

【繁殖】播种。

【应用】花色金黄，小花繁盛，目前园林中尚未应用，可引种于篱垣、小型棚架等栽培观赏。

木玫瑰 *Merremia tuberosa*
旋花科鱼黄草属

【识别要点】常绿蔓性草质藤本，多年生下部茎木质化。叶纸质，互生，掌状深裂，裂片7，阔披针形。花顶生，漏斗状，鲜黄色。蒴果，果熟似干燥的玫瑰花。

【花果期】花期秋季；果期冬季。
【产地】热带美洲。我国华南有栽培。
【繁殖】播种。

【应用】花金黄靓丽，果实似玫瑰，观赏性佳，可用于荫棚、花架、篱垣等外栽培美化环境。在太平洋岛屿和美国部分地区已成为入侵物种。木玫瑰的缠绕能力强，可将部分花木及乔木绞杀致死。华南地区有少量引种，尚未观察到入侵现象，但引种也需慎重。

岭南秋季花木

92

南美蟛蜞菊

Wedelia trilobata
三裂蟛蜞菊
菊科蟛蜞菊属

【识别要点】茎横卧地面，茎长可达2m以上。叶对生，具齿，不分裂，叶片绿色，光亮。头状花序，多单生，外围雌花1层，舌状，顶端2～3齿裂，黄色，中央两性花，黄色，结实。果实为瘦果。

【花果期】花期几乎全年。
【产地】原产热带美洲。在我国部分地区已逸生。
【繁殖】扦插。

【应用】性强健，叶色翠绿，花色金黄，可用于路边、花台或水岸边种植观赏，也可用于水土保持工程，作为护坡、护堤的覆盖植物。本种有一定的入侵性，引种需慎重。

束蕊花

Hibbertia scandens
蛇藤
五桠果科束蕊花属

【识别要点】常绿藤本，长可达2～5m。叶椭圆形至倒卵形，先端尖，基部楔形，全缘。花大，金黄色，直径可达5cm。果小，直径约3cm，种子黑色。

【花果期】花期全年。
【产地】澳大利亚新南威尔士州东南部和昆士兰州东北部。
【繁殖】扦插、播种。

【应用】在岭南地区适应性较好，目前只有少量引种，可植于棚架、绿廊、花架或用于庭院绿化。

紫花大翼豆

Macroptilium atropurpureum
大翼豆
豆科大翼豆属

【识别要点】多年生蔓生草本。茎被短柔毛或茸毛，逐节生根。羽状复叶具3小叶；小叶卵形至菱形，有时具裂片，侧生小叶偏斜，外侧具裂片，先端钝或急尖，基部圆形。花萼钟状，花冠深紫色。荚果线形，具种子12～15颗；种子长圆状椭圆形，具棕色及黑色大理石花纹。

【花果期】花期秋季；果期冬春季。

【产地】原产热带美洲。现世界热带、亚热带许多地区均有栽培或已在当地归化。我国广东及广东沿海岛屿有栽培。

【繁殖】播种。

【应用】抗旱、耐瘠，花美丽，园林中可用于坡地、林缘绿化，也适合用于高速路、公路护坡使用。

星果藤

Tristellateia australasiae
三星果藤、三星果
金虎尾科三星果属

【识别要点】常绿木质藤本，蔓长达10m。叶对生，纸质或亚革质，卵形，先端急尖至渐尖，基部圆形至心形，全缘。总状花序顶生或腋生，花鲜黄色。果实为翅果。

【花果期】花期秋季，果期10月。

【产地】我国台湾，以及马来西亚、澳大利亚、太平洋诸岛。

【繁殖】播种、扦插或高空压条。

【应用】花金黄，极为亮丽，适合小型棚架、花架栽培观赏，也可整型成灌木植于山石边、路边或庭院中欣赏。

红萼苘麻

Abutilon megapotamicum
巴西苘麻
锦葵科苘麻属

【识别要点】常绿攀缘藤木。枝条纤细柔软，分枝。叶互生，叶柄细长。叶绿色，心形，叶端尖，叶缘有锯齿，有时分裂，基部心形，脉纹明显。花生于叶腋，花梗细长，花下垂。花萼红色，花瓣5瓣，黄色，不张开。花蕊深棕色，伸出花瓣。果实为蒴果。

【花果期】花期几乎全年。
【产地】原产阿根廷、巴西和乌拉圭。
【繁殖】播种。

【应用】花奇特美丽，为近年来引进的观花植物，适合小型棚架、绿廊、墙垣绿化，也常盆栽用于阳台、窗台观赏。

素馨

Jasminum grandiflorum
素馨花、耶悉茗
木犀科素馨属

【识别要点】攀缘灌木，高1～4m。小枝圆柱形，具棱或沟。叶对生，羽状深裂或具5～9小叶，叶轴常具窄翼，小叶片卵形或长卵形，顶生小叶片常为窄菱形，先端急尖、渐尖、钝或圆，有时具短尖头，基部楔形、钝或圆。聚伞花序顶生或腋生，有花2～9朵；花芳香；花萼无毛，裂片锥状线形；花冠白色，高脚碟状，裂片多为5枚，长圆形。果实为浆果。

【花果期】花期9～10月，夏末也可见花。

【产地】云南、四川、西藏及喜马拉雅地区。生石灰岩山地，海拔约1 800m。世界各地广泛栽培。

【繁殖】扦插。

【应用】花芳香而美丽，目前园林中极少应用，可用于公园、绿地、庭院的小型棚架、绿篱栽培观赏。

南青杞
Solanum seaforthianum
藤茄、星茄
茄科茄属

【识别要点】无刺木质藤本，高达1m，近无毛。叶互生，羽状5～9裂，以7裂的最多，裂片全缘，互生，卵形至长圆形，先端渐尖或短尖，基部不相等。聚伞式圆锥花序顶生或对叶生，花冠紫色，整齐，冠檐5深裂，裂片卵状长圆形。浆果红色。

【花果期】几乎全年。

【产地】云南。生于海拔1 300m处路旁。泰国也有。

【繁殖】播种。

【应用】花美丽，果艳丽，为优良藤本植物，可用于小棚架、篱垣、栅栏等绿化。

旱金莲

Tropaeolum majus
荷叶七、旱莲花
旱金莲科旱金莲属

【识别要点】一年生肉质草本，蔓生，无毛或被疏毛。叶互生，向上扭曲，盾状，着生于叶片的近中心处；叶片圆形，边缘为波浪形的浅缺刻。单花腋生，花黄色、紫色、橘红色或杂色，萼片5，长椭圆状披针形，花瓣5，通常圆形，边缘有缺刻。果实扁球形，成熟时分裂成3个具1粒种子的瘦果。

【花果期】花期6～10月；果期7～11月。广州多于秋末至春季应用。

【产地】原产南美秘鲁、巴西等地。世界各地广为栽培。

【繁殖】播种。

【应用】花大色艳，极具观赏性，为我国常见的庭园花卉，适合路边、花坛、花境栽培观赏，盆栽可用于阳台、窗台装饰。

草本花卉

鸡冠花

Celosia cristata
鸡冠
苋科青葙属

【识别要点】一年生草本。叶互生，卵形、卵状披针形或披针形，顶端急尖或渐尖，基部渐狭。花多数，成扁平鸡冠状、卷冠状或羽毛状的穗状花序，花被片红色、紫色、黄色、橙色或红色黄色相间。果实为胞果。

【花果期】花果期6～10月。广州多于秋末至早春应用。
【产地】广布于温暖地区。我国各地有栽培。
【繁殖】播种。

【应用】为我国著名的庭园花卉，花色艳丽，花期长，广泛用于庭院、公园、风景区、绿地的路边、花坛或花境栽培观赏，也可盆栽。

岭南秋季花木

千日红 *Gomphrena globosa*
火球花
苋科千日红属

【识别要点】一年生直立草本，高20～60cm；茎粗壮，有分枝。叶片纸质，长椭圆形或矩圆状倒卵形，顶端急尖或圆钝，凸尖，基部渐狭，边缘波状。花多数，密生，成顶生球形或矩圆形头状花序，单一或2～3个，常紫红色，有时淡紫色或白色；花被片披针形，不展开。胞果近球形，种子肾形，棕色。

【花果期】花期7～9月，广州多于秋末至早春应用。

【产地】原产美洲热带。我国南北各地有栽培。

【繁殖】播种。

【应用】为著名的庭园花卉，在我国栽培广泛，花美丽，花期长，多用于园路边、花坛、花台或用于花境栽培欣赏。

忽地笑
Lycoris aurea
黄花石蒜、铁色箭
石蒜科石蒜属

【识别要点】鳞茎卵形，直径约5cm。秋季出叶，叶剑形，向基部渐狭，顶端渐尖，中间淡色带明显。伞形花序有花4～8朵；花黄色；花被裂片背面具淡绿色中肋，倒披针形，反卷和皱缩，花丝黄色；花柱上部玫瑰红色。蒴果具3棱，室背开裂；种子少数，近球形。

【花果期】花期秋季；果期10月。

【产地】福建、台湾、湖北、湖南、广东、广西、四川及云南。生于阴湿山坡。日本及缅甸也有。

【繁殖】分球。

【应用】花形奇特，适合布置花坛、花境、岩石园及林下栽培观赏。鳞茎含淀粉，可制酒精，还可提取石蒜碱，也可做农药。

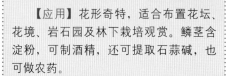

石蒜

Lycoris radiata

蟑螂花、龙爪花、彼岸花
石蒜科石蒜属

【识别要点】鳞茎近球形，直径1～3cm。秋季出叶，叶狭带状，顶端钝，深绿色，中间有粉绿色带。伞形花序有花4～7朵，花鲜红色；花被裂片狭倒披针形，皱缩和反卷，花被筒绿色。果实为蒴果。

【花果期】花期秋季；果期10月。

【产地】华东、华中、华南、西南及西北部分地区。生于阴湿山坡或溪沟边的石缝处。日本也有。

【繁殖】分球。

【应用】花形奇特美观，极艳丽，适合公园、风景区、绿地等路边、草地、水岸边或山石边种植观赏，盆栽适合阳台、天台养护观赏。鳞茎有毒，入药有催吐、祛痰、消肿、止痛之效。

葱兰

Zephyranthes candida
玉帘、葱莲
石蒜科葱莲属

【识别要点】多年生草本。鳞茎卵形，具有明显的颈部。叶狭线形，肥厚，亮绿色。花茎中空，花单生于花茎顶端，花白色，外面常带淡红色。蒴果近球形，3瓣开裂；种子黑色，扁平。

【花果期】花期秋季。
【产地】原产南美洲。我国引种栽培。
【繁殖】分球、播种。

【应用】花洁白素雅，适合公园或庭院等的花坛、花径和草地中成丛栽植，盆栽可用于装饰阳台、天台、窗台等处。

海芋
Alocasia odora
滴水观音、老虎芋
天南星科海芋属

【识别要点】多年生常绿草本植物，具匍匐根茎。叶多数，螺旋状排列，叶片亚革质，草绿色，箭状卵形，边缘波状。花序柄圆柱形，佛焰苞管部绿色，花黄绿色或绿白色，肉穗花序芳香。浆果红色，卵形。

【花果期】花期四季。

【产地】江西、福建、台湾、湖南、广东、广西、四川、贵州及云南等地。生于海拔1700m以下的林缘或河谷芭蕉林下。东南亚也有。

【繁殖】分株、播种、扦插。

【应用】叶大美观，花奇特素雅，果艳丽可爱，观赏性极佳，为我国著名的观叶植物，园林中常用于林下、路边、园林小径、水岸湿地等处栽培，室内常用于卧室、客厅等装饰，小盆栽也适合案头摆放观赏。因其茎、叶、果实甚至叶尖滴出的水都有毒，有小孩的家庭、幼儿园、学校等尽量不要栽培，以防误食中毒。

大花犀角

Stapelia grandiflora
红花犀角
萝藦科豹皮花属

【识别要点】多年生肉质草本，高 0.2 ~ 0.3 m。茎粗，四角棱状，基部分枝，有齿状突起。叶不发育或早落。花芽发生于茎基部，花蕾气囊状；花大，5 裂张开，星形，淡黄色，具淡黑紫色横斑纹。果实为蓇葖果。

【花果期】花期秋季。
【产地】南非。我国南方引种栽培。
【繁殖】分株、扦插。

【应用】花大艳丽，花形奇特，颇具观赏价值，可用于多肉温室或盆栽观赏。

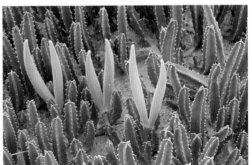

凤仙花

Impatiens balsamina
急性子、指甲花
凤仙花科凤仙花属

【识别要点】一年生草本，高60～100cm。茎粗壮，肉质，直立，不分枝或有分枝。叶互生，最下部叶有时对生；叶片披针形、狭椭圆形或倒披针形，先端尖或渐尖，基部楔形，边缘有锐锯齿。花单生或2～3朵簇生于叶腋，无总花梗，白色、粉红色或紫色，单瓣或重瓣；侧生萼片2，卵形或卵状披针形，唇瓣深舟状，基部急尖成长内弯的距；旗瓣圆形，兜状。蒴果宽纺锤形，两端尖。种子多数，圆球形。

【花果期】花果期7～10月，广州多于秋末至早春应用。
【产地】我国各地庭园广泛栽培。
【繁殖】播种、扦插。

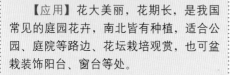

【应用】花大美丽，花期长，是我国常见的庭园花卉，南北皆有种植，适合公园、庭院等路边、花坛栽培观赏，也可盆栽装饰阳台、窗台等处。

华凤仙

Impatiens chinensis
水边指甲花
凤仙花科凤仙花属

【识别要点】一年生草本，高30～60cm。茎纤细，无毛，上部直立，下部横卧，节略膨大。叶对生，无柄或几无柄；叶片硬纸质，线形或线状披针形，稀倒卵形，先端尖或稍钝，基部近心形或截形。花较大，单生或2～3朵簇生于叶腋，紫红色或白色；侧生萼片2，线形，唇瓣漏斗状，旗瓣圆形。蒴果椭圆形，中部膨大，种子数粒。

【花果期】花期几乎全年，以秋季最盛。

【产地】江西、福建、浙江、安徽、广东、广西及云南等地。生于海拔100～1 200m的池塘、水沟旁、田边或沼泽地。东南亚也有。

【繁殖】播种。

【应用】为岭南地区的乡土植物，花期极长，花繁茂，但目前较少引种，可种植于公园或庭园等水岸边栽培观赏。全草入药，有清热解毒、消肿拔脓等功效。

四季秋海棠

Begonia semperflorens
四季海棠
秋海棠科秋海棠属

【识别要点】多年生草本，株高15～30cm。叶互生，有光泽，卵形，边缘有锯齿，绿色或带淡红色。聚伞花序腋生，花有单瓣和重瓣；花色有红、白、粉红。果实为蒴果。

【花果期】全年。
【产地】巴西。我国栽培普遍。
【繁殖】播种、分株或扦插。

【应用】花繁密，花期长，用于布置花坛、花境等，也可植于路边、水岸边欣赏，盆栽可用于书桌、茶几、案头点缀。

铜锤玉带草

Lobelia angulata

狭叶半边莲

桔梗科半边莲属

【识别要点】多年生草本，有白色乳汁。茎平卧，被开展的柔毛。叶互生，叶片圆卵形、心形或卵形，先端钝圆或急尖，基部斜心形，边缘有齿。花单生叶腋；花萼筒坛状，花冠紫红色、淡紫色、绿色或黄白色，花冠筒外面无毛，檐部二唇形，裂片5，上唇2裂片。果实为浆果，紫红色，椭圆状球形。

【花果期】在热带地区整年可开花结果。

【产地】西南、华南、华东及湖南、湖北、台湾和西藏。生于田边、路旁以及丘陵、低山草坡或疏林中的潮湿地。印度、尼泊尔、缅甸至巴布亚新几内亚也有。

【繁殖】播种。

【应用】果实小巧可爱，观赏性极佳，目前园林中尚无应用，可引种植于园路边、林缘边或山石边作地被植物。

蕉芋
Canna indica 'Edulis'

姜芋

美人蕉科美人蕉属

【识别要点】根茎发达，多分枝，块状；茎粗壮，高可达3m。叶片长圆形或卵状长圆形，叶面绿色，边缘或背面紫色；叶柄短；叶鞘边缘紫色。总状花序单生或分叉，少花，被蜡质粉霜，基部有阔鞘；花单生或2朵聚生，小苞片淡紫色；萼片披针形，淡绿而染紫；花冠管杏黄色，花冠裂片杏黄而顶端染紫，披针形。果实为蒴果。

【花果期】花期9～10月。

【产地】我国南部及西南部有栽培。

【繁殖】分株。

【应用】花小而美丽，在岭南地区常见栽培，有一定观赏价值，可用于草地中、墙边、路边等栽培观赏。

醉蝶花

Tarenaya hassleriana
西洋白花菜
山柑科白花菜属

【识别要点】一年生强壮草本，高1～1.5m。叶为具5～7小叶的掌状复叶，小叶草质，椭圆状披针形或倒披针形，中央小叶盛大，最外侧的最小，基部楔形，狭延成小叶柄。总状花序长达40cm，花蕾圆筒形，单生于苞片腋内；萼片4，长圆状椭圆形，花瓣粉红色，少见白色，在芽中时覆瓦状排列，瓣片倒卵状匙形。果圆柱形，种子表面近平滑或有小疣状突起。

【花果期】花期初夏；果期夏末秋初。广州多于秋末至早春应用。
【产地】原产热带美洲。现在世界热带至温带普遍栽培。
【繁殖】播种。

【应用】耐热，适应性强，适合岭南地区推广栽培，多片植于绿地、园路边或庭园中。

石竹

Dianthus chinensis
洛阳花
石竹科石竹属

【识别要点】多年生草本，高30～50cm，全株无毛。茎由根茎生出，疏丛生，直立，上部分枝。叶片线状披针形，顶端渐尖，基部稍狭，全缘或有细小齿，中脉较显。花单生枝端或数花集成聚伞花序；花萼圆筒形，有纵条纹，萼齿披针形，花瓣瓣片倒卵状三角形，紫红色、粉红色、鲜红色或白色，顶缘不整齐齿裂，喉部有斑纹，疏生髯毛。蒴果圆筒形，顶端4裂；种子黑色，扁圆形。

【花果期】花期5～9月；果期6～10月。广州多于秋末至早春应用。

【产地】我国北方。现全国各地有栽培。

【繁殖】播种、分株或扦插。

【应用】性强健，花繁茂，为我国著名的庭院花卉之一，多用于布置花坛、花境，也可用于园路边、绿地等绿化。

白雪姫

Tradescantia sillamontana
雪绢
鸭跖草科紫露草属

【识别要点】多年生肉质草本植物，株高
15 ～ 20cm。叶互生，绿色或褐绿色，稍具
肉质，长卵形，也被有浓密的白毛。小花淡
紫粉色，着生于茎的顶部。果实为蒴果。

【花果期】花期秋季。
【产地】中南美洲。
【繁殖】扦插。

【应用】株形美观，叶色秀美，常作
小型盆栽，点缀几案、书桌、窗台等处。
园林中常用于观光温室，可植于山石上或
路边欣赏。

雏菊

Bellis perennis
延命菊、马兰头花
菊科紫菀属

【识别要点】多年生或一年生草本，高10cm左右。叶基生，匙形，顶端圆钝，基部渐狭成柄，上半部边缘有疏钝齿或波状齿。头状花序单生，花葶被毛；舌状花一层，雌性，舌片白色带粉红色，开展，全缘或有2～3齿，管状花多数，两性，均能结实。瘦果倒卵形，扁平。

【花果期】花期夏秋；果期秋季。广州多于秋末至早春应用。

【产地】原产欧洲。我国南北均有栽培。

【繁殖】播种。

【应用】花繁茂，极美丽，适合花境、园路边栽培，也是优良的小盆栽，可用于阳台、窗台、卧室及客厅等美化。

金盏花

Calendula officinalis
金盏菊
菊科金盏花属

【识别要点】一年生草本，高20～75cm。通常自茎基部分枝。基生叶长圆状倒卵形或匙形，全缘或具疏细齿，具柄，茎生叶长圆状披针形或长圆状倒卵形，无柄，顶端钝，稀急尖，边缘波状具不明显的细齿，基部抱茎。头状花序单生茎枝端，小花黄或橙黄色。瘦果全部弯曲，淡黄色或淡褐色。

【花果期】花期4～6月；果熟期5～7月。广州多于秋末至早春应用。

【产地】原产欧洲。我国南北均有栽培。

【繁殖】播种。

【应用】色泽靓丽，开花繁盛，常用作庭园绿化，也适合花境、花坛、花台栽培观赏，盆栽可用于室内美化；金盏菊花具香气，可提出芳香油。

菊花

Chrysanthemum morifolium

秋菊
菊科茼蒿属

【识别要点】多年生草本，高60～150cm。茎直立，分枝或不分枝，被柔毛。叶卵形至披针形，长5～15cm，羽状浅裂或半裂，有短柄，叶下面被白色短柔毛。头状花序大小不一，总苞片多层，外层外面被柔毛，舌状花颜色多种，管状花黄色。瘦果不发育。

【花果期】花期多为秋季；果期冬季。

【产地】我国各地有栽培，园艺品种极多。

【繁殖】播种、扦插、分株或嫁接。

【应用】花形多变，姿态优雅，栽培广泛，为我国的十大名花之一。造型繁多，如独本菊、大立菊、悬崖菊等。可布置花坛或点缀各类园林绿地；有的菊花品种可食用，如杭白菊可用来泡菊花茶；头状花序入药，具有散风、清热解毒的功效。

波斯菊

Cosmos bipinnata
秋英、大波斯菊
菊科秋英属

【识别要点】一年生或多年生草本，高1～2m。根纺锤状，多须根，或近茎基部有不定根。叶2回羽状深裂，裂片线形或丝状线形。头状花序单生，舌状花紫红色，粉红色或白色；舌片椭圆状倒卵形，有3～5钝齿；管状花黄色管部短，上部圆柱形。瘦果黑紫色，上端具长喙。

【花果期】自然花期6～8月，广州地区可全年开花，多于秋末至春初应用。

【产地】墨西哥。在我国部分地区已逸生。

【繁殖】播种。

【应用】花姿秀雅，是我国常见的大众花卉，全国各地均有种植，适于公园、风景区及庭院栽培观赏，可布置花坛、花境、墙垣边或植于路边或作背景材料。

硫华菊

Cosmos sulphureus
黄秋英、硫黄菊
菊科秋英属

【识别要点】一年生草本，株高20～60cm。2回羽状复叶。花色有黄、金黄、橙黄、橙红等。果实为瘦果。

【花果期】花期秋季。
【产地】墨西哥至巴西。在云南等部分地区已归化。
【繁殖】播种。

【应用】株形小巧，花朵秀丽，园林中常用于花坛、花境及林缘下栽培观赏，也可盆栽。

黄金菊 *Euryops pectinatus* 'Viridis'
菊科梳黄菊属

【识别要点】一年生或多年生草本，株高30～50cm。叶片长椭圆形，羽状分裂，裂片深。头状花序，舌状花及管状花均为金黄色。果实为瘦果。

【花果期】花期春至夏，广州多于秋末至早春应用。

【产地】园艺种，我国各地均有栽培。

【繁殖】播种。

【应用】花色金黄，花期长，为优良观花植物，岭南地区有引种栽培，适于花境、花坛绿化，也可用作地被植物，盆栽用于阳台、客厅等栽培观赏。

大吴风草

Farfugium japonicum
活血莲、八角乌
菊科大吴风草属

【识别要点】多年生草本，根茎粗壮。叶全部基生，呈莲座状，叶片肾形，先端圆形，全缘或有小齿至掌状浅裂，基部弯缺宽，叶质厚，近革质，两面幼时被灰色柔毛，后脱毛。花葶高达70cm，头状花序辐射状，2～7个排列成伞房状花序；舌状花8～12，黄色，舌片长圆形或匙状长圆形；管状花多数。瘦果圆柱形。

【花果期】秋季至翌年3月。

【产地】湖北、湖南、广西、广东、福建及台湾。生于低海拔地区的林下、山谷及草丛中。日本也有。

【繁殖】播种、分株。

【应用】叶大，亮绿色，目前岭南地区较少应用，适宜大面积种植用作地被植物或林下栽培，也可作室内盆栽观叶。

勋章菊

Gazania rigens
勋章花
菊科勋章花属

【识别要点】一、二年生草本，具根茎。叶由根际丛生，叶片披针形或倒卵状披针形，全缘或有浅羽裂，叶背密被白绵毛。头状花序，舌状花白、黄、橙红色，有光泽。果实为瘦果。

【花果期】自然花期4～6月，广州多于秋末至早春应用。

【产地】非洲。

【繁殖】播种。

【应用】花大美丽，适合花坛或草坪边缘栽培观赏，也可点缀庭园盆栽用于装饰阳台及窗台。

紫心菊

Helenium flexuosum
弯曲堆心菊
菊科堆心菊属

【识别要点】一、二年生草本，株高约60cm。叶基生，叶阔披针形，分裂，全缘。头状花序生于茎顶，舌状花柠檬黄色，花瓣阔，先端有缺刻，管状花黄绿色，中心呈紫色。果实为瘦果。

【花果期】自然花期7～10月；果熟期9月。广州多于秋末至早春应用。

【产地】北美洲东部。

【繁殖】播种。

【应用】岭南地区有少量引种，花繁密，适合公园、庭院等路边、花坛栽培观赏，也可用作地被，盆栽用于室内装饰。

向日葵 *Helianthus annuus*

丈菊、葵花
菊科向日葵属

【识别要点】一年生高大草本。茎直立，高1～3m，粗壮，被白色粗硬毛，不分枝或有时上部分枝。叶互生，心状卵圆形或卵圆形，顶端急尖或渐尖，边缘有粗锯齿。头状花序极大，单生于茎端或枝端。舌状花多数，黄色、舌片开展，长圆状卵形或长圆形，不结实。管状花极多数，棕色或紫色，有披针形裂片，结实。瘦果倒卵形或卵状长圆形，稍扁压，有细肋。

【花果期】自然花期7～10月；果熟期9～11月。多于秋末至春初应用。

【产地】原产北美洲。现世界各地均有栽培。

【繁殖】播种。

【应用】花大美丽，常用作背景材料，矮性种可用于花坛、花境或盆栽观赏，高性种可片植于风景区、庭园等处观赏。种子可食用，含油量高，为高级食用油的原料。

美兰菊

Melampodium paludosum
黄帝菊、非洲百日草
菊科墨足菊属

【识别要点】一、二年生草本，植株高30～50cm，分枝多。叶对生，阔披针形或长卵形，先端渐尖，锯齿缘。头状花序顶生，花小，舌状花金黄色，管状花黄褐色。果实为瘦果。

【花果期】花期春至秋季。广州多于秋末至早春应用。

【产地】中美洲。

【繁殖】播种。

【应用】花小，极雅致，我国引种多年，适应性强，应用广泛，多用于公园、风景区等的花坛、花境、园路边栽培，也可盆栽用于室内、阶前美化。

黑心菊

Rudbeckia hirta
黑心花、黑心金光菊
菊科金光菊属

【识别要点】一、二年生草本，高30～100cm。茎不分枝或上部分枝，全株被粗刺毛。下部叶长卵圆形，长圆形或匙形，顶端尖或渐尖，基部楔状下延，边缘有细锯齿，上部叶长圆披针形，顶端渐尖，边缘有细至粗疏锯齿或全缘。头状花序。舌状花鲜黄色；舌片长圆形，管状花暗褐色或暗紫色。瘦果四棱形，黑褐色，无冠毛。

【花果期】自然花期5～9月；果期秋季。广州多于秋末至早春应用。

【产地】原产北美洲。我国各地庭园常见栽培。

【繁殖】播种。

【应用】花大美丽，色泽明快，是我国常见的庭园植物，适合花坛、路边、花境种植观赏，可丛植、片植。

万寿菊 *Tagetes erecta*
菊科万寿菊属

【识别要点】一年生草本，高50～150cm。茎直立，粗壮，具纵细条棱，分枝向上平展。叶羽状分裂，裂片长椭圆形或披针形，边缘具锐锯齿，上部叶裂片的齿端有长细芒。头状花序单生，花序梗顶端棍棒状膨大；杯状，顶端具齿尖；舌状花黄色或暗橙色；管状花花冠黄色。瘦果线形，黑色或褐色。

【花果期】花期7～9月。广州多于秋末至早春应用。

【产地】原产墨西哥。我国各地均有栽培。

【繁殖】播种。

【应用】著名的庭园植物，本种花大，开花繁盛，园林中常用于路边、花坛及花境，也可盆栽观赏。

孔雀草

Tagetes patula
小万寿菊、红黄草
菊科万寿菊属

【识别要点】一年生草本，高30～100cm。茎直立，分枝斜开展。叶羽状分裂，裂片线状披针形，边缘有锯齿，齿端常有长细芒，齿的基部通常有1个腺体。头状花序单生，舌状花金黄色或橙色，带有红色斑；舌片近圆形，顶端微凹；管状花花冠黄色，具5齿裂。瘦果线形，基部缩小，黑色。

【花果期】花期6～9月；果熟期9～10月。广州多于秋末至早春应用。
【产地】墨西哥。我国南北均有栽培。
【繁殖】播种。

【应用】为常见的观花草本，世界各地广泛应用，多用于花坛、墙垣边、园路边、庭院等栽培观赏。

岭南秋季花木

肿柄菊

Tithonia diversifolia
假向日葵、墨西哥向日葵
菊科肿柄菊属

【识别要点】一年生草本，高
2～5m。茎直立，有粗壮的分枝。叶
卵形或卵状三角形或近圆形，有长叶
柄，上部的叶有时不分裂，裂片卵形
或披针形，边缘有细锯齿。头状花序
大，顶生于假轴分枝的长花序梗上。
舌状花1层，黄色，舌片长卵形，顶端
有不明显的3齿；管状花黄色。瘦果长
椭圆形，长约4mm，扁平，被短柔毛。

【花果期】9～11月。
【产地】原产墨西哥。我国广
东、云南引种栽培。
【繁殖】播种。

【应用】性强健，易栽
培，目前园林中应用较少，
可植于山石边、滨水岸边
或园路边种植观赏。

百日草

Zinnia elegans
百日菊、步步登高
菊科百日菊属

【识别要点】一年生草本。茎直立，高30～100cm，被糙毛或长硬毛。叶宽卵圆形或长圆状椭圆形，基部稍心形抱茎，两面粗糙，下面被密的短糙毛，基出3脉。头状花序，单生枝端，舌状花深红色、玫瑰色、紫堇色或白色，舌片倒卵圆形，先端2～3齿裂或全缘。管状花黄色或橙色。雌花瘦果倒卵圆形，扁平；管状花瘦果倒卵状楔形。

【花果期】花期6～10月；果期秋季。广州多于秋末至早春应用。

【产地】原产墨西哥。我国各地均有栽培。

【繁殖】播种。

【应用】为著名庭园花卉，种植广泛，适应性强，可于其观花植物配植用于路边、绿地、花坛、花境等处，也可盆栽用于庭院、阳台绿化。

宫灯长寿花

Kalanchoe manginii
红提灯
景天科伽蓝菜属

【识别要点】多年生肉质草本，茎木质化，多分枝，新生分枝柔软常下垂。叶对生，长卵形，稍具肉质。花淡红色，管状。蓇葖果有种子多数，种子圆柱形。

【花果期】秋至冬。
【产地】马达加斯加。
【繁殖】扦插。

【应用】花繁密，多盆栽，适合阳台、窗台、卧室或书房点缀。

香雪球 *Lobularia maritima*
十字花科香雪球属

【识别要点】多年生草本，高10～40cm。茎自基部向上分枝，常呈密丛。叶条形或披针形，两端渐窄，全缘。花序伞房状，果期极伸长，萼片外轮的宽于内轮；花瓣淡紫色或白色，长圆形，基部突然变窄成爪。短角果椭圆形，果瓣扁压而稍膨胀。

【花果期】花期春至夏。广州多于秋末至早春应用。
【产地】地中海沿岸。我国及世界各地广为栽培。
【繁殖】播种。

【应用】花繁密，极为美丽，在我国已引种多年，但在华南地区少见栽培，可引至公园、庭院等花坛、路边、花境等处栽培，盆栽可用于阳台、窗台、客厅、卧室等装饰。

紫罗兰

Matthiola incana
草桂花
十字花科紫罗兰属

【识别要点】二年生或多年生草本，高达60cm，全株密被灰白色具柄的分枝柔毛。茎直立，多分枝，基部稍木质化。叶片长圆形至倒披针形或匙形，全缘或呈微波状，顶端钝圆或罕具短尖头，基部渐狭成柄。总状花序顶生和腋生，花多数，较大，萼片直立，长椭圆形；花瓣紫红、淡红或白色，近卵形。长角果圆柱形，种子近圆形。

【花果期】花期4～5月；果期8～9月。广州多于秋末至早春应用。

【产地】原产欧洲南部。我国南北均有种植。

【繁殖】播种。

【应用】开花繁茂，香气浓郁，花期长，是世界著名的切花，可用于餐桌、卧室等瓶插观赏。盆栽种可用于花坛、花境及室内装饰，也可用于花坛、花境栽培观赏。

光萼唇柱苣苔

Chirita anachoreta
薄叶唇柱苣苔
苦苣苔科唇柱苣苔属

【识别要点】一年生草本。基部常弯曲，不分枝或分枝，无毛或有少数柔毛。叶对生；叶片薄草质，狭卵形或椭圆形，顶端急尖，基部斜，圆形、浅心形或宽楔形，边缘有小齿。花序腋生，有（1～）2～3花；花冠白色或淡紫色，无毛或有少数柔毛。果实为蒴果。种子褐色，纺锤形。

【花果期】主花期秋季，夏季也可见花。

【产地】云南南部、广西、湖南、广东和台湾。生于海拔220～1 900m山谷林中石上和溪边石上。缅甸、泰国、老挝和越南也有。

【繁殖】播种。

【应用】花美丽，为优良的观花植物，园林中尚未应用，可引种至林缘、坡地及墙垣边种植观赏。

双片苣苔

Didymostigma obtusum

唇柱苣苔
苦苣苔科双片苣苔属

【识别要点】茎渐升或近直立，有3～5节，不分枝或分枝，多少密被柔毛。叶对生；叶片草质，卵形，顶端微尖或微钝，基部稍斜，宽楔形或斜圆形，边缘具钝锯齿，两面被柔毛，下面毛稀疏，并常带紫红色。花冠淡紫色或白色，筒细漏斗形。果实为蒴果，种子椭圆形。

【花果期】主花期秋季，夏季也可见花。

【产地】广东和福建南部。生于海拔约650m山谷林中或溪边阴处。

【繁殖】分株。

【应用】终年常绿，花美丽，目前园林中没有应用，可引种至阴湿的流水处、池边种植观赏。

蓝花鼠尾草

Salvia farinacea
粉萼鼠尾草
唇形科鼠尾草属

【识别要点】一、二年生或多年生草本植物及常绿小灌木，株高30～60cm。叶对生，呈长椭圆形，先端圆，全缘（或有钝锯齿）。花轮生于茎顶或叶腋，花呈紫、青色，有时白色，具有强烈芳香。果实为坚果，种子近椭圆形。

【花果期】花期春夏；果期秋季。广州多于秋末至早春应用。

【产地】地中海沿岸及南欧。

【繁殖】播种。

【应用】花芳香，园林中常用于花坛、花境或林缘下作背景材料，也适合路边、草地边缘或庭院栽培欣赏。

墨西哥鼠尾草

Salvia leucantha
紫绒鼠尾草
唇形科鼠尾草属

【识别要点】多年生草本植物，株高30～70cm。茎直立多分枝，茎基部稍木质化。叶片披针形，对生，上具茸毛，有香气。轮伞花序顶生，花紫色，具茸毛，白至紫色。

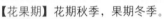

【花果期】花期秋季，果期冬季。
【产地】中南美洲。
【繁殖】播种。

【应用】花叶俱美，花期长，岭南地区有少量引种，适合公园、庭院等路边、花坛栽培观赏，也可作干花及切花。

一串红

Salvia splendens
爆仗红、西洋红
唇形科鼠尾草属

【识别要点】多年生草本，常作一年生栽培，株高80～100cm。茎直立，光滑，有4棱。叶对生，卵形。总状花序顶生，遍被红色柔毛；小花2～6朵，轮生，红色，花萼钟状，与花瓣同色，花冠唇形。果实为坚果。

【花果期】花果期5～10月。广州多于秋末至早春应用。
【产地】巴西。
【繁殖】播种、扦插。

【应用】为著名庭园植物，色泽艳丽，花期长，适应性强，适合布置大型花坛、花境及林缘下栽培。矮生种也可盆栽用于窗台、阳台及天台美化。

巴西含羞草

Mimosa invisa
美洲含羞草
豆科含羞草属

【识别要点】直立、亚灌木状草本。茎攀缘或平卧，长达60cm，五棱柱状，沿棱上密生钩刺。2回羽状复叶，总叶柄及叶轴有钩刺4～5列；羽片（4～）7～8对，小叶（12）20～30对，线状长圆形。头状花序开花时连花丝直径约1cm，1或2个生于叶腋；花紫红色，花萼极小，4齿裂；花冠钟状，中部以上4瓣裂。荚果长圆形，边缘及荚节有刺毛。

【花果期】花期秋季。
【产地】原产巴西。
【繁殖】播种。

【应用】花美丽，具有一定的入侵性，可用于园路边、坡地、荒地绿化，但要注意防控，以免大量逸生。

白灰毛豆

Tephrosia candida
白花铁富豆、短萼灰叶豆
豆科灰毛豆属

【识别要点】灌木状草本，高1～3.5m。茎木质化，具纵棱。羽状复叶；小叶8～12对，长圆形，先端具细凸尖。总状花序顶生或侧生，疏散多花，花冠白色、淡黄色或淡红色。荚果直，线形。

【花果期】花期10～11月；果期12月。

【产地】原产印度东部和马来半岛。我国福建、广东、广西、云南有种植，并逸生于草地、旷野、山坡。

【繁殖】播种。

【应用】性强健，抗性极强，目前园林中较少应用，可用于坡地、园路边、林缘种植观赏，也适合公路边坡绿化。

异色芦荟 *Aloe versicolor*
百合科芦荟属

【识别要点】多年生肉质常绿草本，茎短。 叶簇生，呈螺旋状排列，叶披针形，先端渐尖，基部阔，叶缘具刺，肥厚多汁。总状花序，花序具分枝，小花下垂，淡红色，先端淡绿色。果实为蒴果。

【花果期】花期秋至冬。
【产地】原产马达加斯加。
【繁殖】分株、播种。

【应用】耐热，在华南地区极易开花，繁密，观赏性花，极具热带风光，适合植于具有沙质土壤的园路边、山石边或墙垣边，也常用于沙生植物专类园。

玫瑰茄

Hibiscus sabdariffa
山茄子
锦葵科木槿属

【识别要点】一年生直立草本，高达2m。茎淡紫色，无毛。叶异型，下部的叶卵形，不分裂，上部的叶掌状3深裂，裂片披针形，具锯齿，先端钝或渐尖，基部圆形至宽楔形。花单，生于叶腋，近无梗；花萼杯状，淡紫色，基部1/3处合生，裂片5，花黄色，内面基部深红色。果实为蒴果。

【花果期】花期秋季；果期秋末冬初。
【产地】原产东半球热带。现全世界热带地区均有栽培。
【繁殖】播种。

【应用】萼片宿存，观赏价值较高，常作切花，也适合用公园、庭院等栽培观赏。嫩叶、幼果腌渍后可食，花萼及小苞片可制果酱；花萼可提炼含有红色素的果胶，是理想的果汁、果酱等食品的染色剂；花提取物还能调节血压、改善睡眠。

美丽月见草

Oenothera speciosa

红月见草
柳叶菜科月见草属

【识别要点】多年生草本植物，多作一、二年生栽培，株高50～80cm。植株直立，枝条较软，分枝力差。叶对生，线形至线状披针形，基生叶羽裂。花白色至水粉色，具芳香。果实为蒴果。

【花果期】自然花期6～9月。广州多于秋末至早春应用。

【产地】美国南部。

【繁殖】播种、分株。

【应用】开花繁茂，栽培容易，是一种优良的草本花卉，可用于公园、绿地等绿化，也可植于庭院或盆栽欣赏。

多花脆兰

Acampe rigida
脆花兰
兰科脆兰属

【识别要点】大型附生植物。茎粗壮，近直立，长达1m。具多数2列的叶，叶近肉质，带状，斜立，先端钝并且不等侧2圆裂，基部具宿存而抱茎的鞘。花序腋生或与叶对生，近直立，不分枝或有时具短分枝，具多数花；花黄色带紫褐色横纹，不甚开展，具香气，萼片和花瓣近直立；萼片相似，等大，长圆形，花瓣狭倒卵形，唇瓣白色，厚肉质，3裂。蒴果近直立，圆柱形或长纺锤形。

【花果期】花期8～9月；果期10～11月。

【产地】广东、香港、海南、广西、贵州、云南。附生于海拔560～1600m林中树干上或林下岩石上。广泛分布于热带喜马拉雅、印度、缅甸、泰国、老挝、越南、柬埔寨、马来西亚、斯里兰卡至热带非洲。

【繁殖】播种、分株。

【应用】植株大型，易栽培，在岭南地区有少量引种，可用于公园、庭院等附于大树或庇荫的岩石上栽培观赏。

竹叶兰 *Arundina graminifolia*
兰科竹叶兰属

【花果期】花果期9～11月，但1～4月也有。

【产地】华东、华中、华南及西南等地，生于海拔400～2 800m草坡、溪谷旁、灌丛下或林中。东南亚及日本的琉球群岛也有。

【繁殖】扦插、分株。

【识别要点】植株高40～80cm，有时可达1m以上；地下根状茎常在连接茎基部处呈卵球形膨大，貌似假鳞茎，茎直立，常数个丛生或成片生长，圆柱形、细竹秆状，通常为叶鞘所包，具多枚叶。叶线状披针形，薄革质或坚纸质，先端渐尖，基部具圆筒状的鞘，鞘抱茎。花序总状或基部有1～2个分枝而成圆锥状，具2～10朵花，但每次仅开1朵花，花粉红色或略带紫色或白色，萼片狭椭圆形或狭椭圆状披针形。蒴果近长圆形。

【应用】叶似竹，花美丽，适应性强，在岭南地区山野中常见，园林中多植于草地边缘、墙边丛植观赏。

卡特兰  *Cattleya* spp.
嘉德丽亚兰
兰科卡特兰属

【识别要点】为多年生附生草本植物。假鳞茎呈棍棒状或圆柱状。顶部生有叶1～3枚，叶长圆形，质厚，革质。花单朵或数朵，着生于假鳞茎顶端；萼片披针形；花瓣卵圆形，边波状。果实为蒴果。

【花果期】花期因品种不同而异。
【产地】中南美洲及西印度群岛。
【繁殖】分株。

【应用】花色鲜艳，具芳香，是良好的室内观花品种，常附树栽培观赏，可盆栽用来装饰卧室、客厅、书房等。

寒兰
Cymbidium kanran
青兰
兰科兰属

【识别要点】地生植物。假鳞茎狭卵球形。叶3～5（～7)枚，带形，薄革质，暗绿色，略有光泽，前部边缘常有细齿。花葶发自假鳞茎基部，直立，总状花序疏生5～12朵花；花常为淡黄绿色而具淡黄色唇瓣，也有其他色泽，常有浓烈香气；萼片近线形或线状狭披针形，花瓣常为狭卵形或卵状披针形；唇瓣近卵形，有不明显的3裂。蒴果狭椭圆形。

【花果期】花期8～12月。

【产地】安徽、浙江、江西、福建、台湾、湖南、广东、海南、广西、四川、贵州和云南。生于林下、溪谷旁或稍庇荫、湿润、多石之土壤上，海拔400～2 400m。日本南部和朝鲜半岛南端也有分布。

【繁殖】分株。

【应用】本种花芳香，为常见栽培的兰科植物之一，因不耐热，较适合岭南地区北部栽培，园林中可用于园路边的林下、庇荫的山石边栽培观赏，也可盆栽用于室内装饰厅堂、案几。

束花石斛 *Dendrobium chrysanthum*
兰科石斛属

【识别要点】茎粗厚，肉质，下垂或弯垂，圆柱形，上部有时稍回折状弯曲，不分枝，具多节。叶2列，互生于整个茎上，纸质，长圆状披针形，先端渐尖，基部具鞘；叶鞘纸质。伞状花序近无花序柄，每2～6花为一束，侧生于具叶的茎上部；花黄色，质地厚；中萼片长圆形或椭圆形，侧萼片稍凹的斜卵状三角形，萼囊宽而钝，花瓣稍凹呈倒卵形。蒴果长圆柱形。

【花果期】花期9～10月。

【产地】广西、贵州、云南、西藏等地。生于海拔700～2500m的山地密林中树干上或山谷阴湿的岩石上。东南亚也有。

【繁殖】扦插、分株。

【应用】株形美观，花量大，为著名观赏兰花，适合附生于桫椤板或附着于树干、山石上栽培观赏。

秋石斛兰

Dendrobium hybrida
(Phalaenopsis & Antelope type)
蝴蝶石斛
兰科石斛属

【识别要点】多年生附生草本。假鳞茎棒状，长达1m。叶较窄，多生茎顶，长约10cm，长圆状披针形。花序顶生，有花4～12朵或更多，直立或稍弯曲，花有白、玫瑰红、粉红、紫等多色。果实为蒴果。

【花果期】花期一般秋季，温度适宜全年开花。

【产地】栽培种。

【繁殖】扦插。

【应用】花形花色绚丽多彩，园林中可用于附树、附石栽培，也常用作盆栽观赏，也是优良的切花材料。

文心兰

Oncidium hybrida

跳舞兰、瘤瓣兰、舞女兰
兰科文心兰属

【识别要点】多年生常绿丛生草本植物，株高20～120cm。假鳞茎扁卵圆形，绿色。顶生1～3枚叶，椭圆状披针形。总状花序，腋生于假鳞茎基部，花朵唇瓣为黄色、白色或褐红色。花大小变化较大，部分种类具芳香。果实为蒴果。

【花果期】花期依品种而异，部分品种花期全年。
【产地】杂交种。
【繁殖】分株。

【应用】花繁叶茂，为著名观花植物，世界各地常见栽培，花期长，极美丽，除盆栽及切花外，也可附生于庭园树干上栽培观赏。

岭
南
秋
季
花
木

青蛙兜兰

Paphiopedilum spicerianum
白旗兜兰、红脚兜兰、鸡冠兜兰
兰科兜兰属

【识别要点】陆生或岩生植物。叶片4～6,2列；叶片背面苍绿色，狭卵形椭圆形，革质，稍波状，基部具紫色。花葶近直立，1花，少2花，花序梗紫色；上萼片白色，上具红色中脉和绿色基部；合萼片黄绿色或带白绿色；花瓣黄绿色带紫褐色中脉，沿侧脉有许多淡斑；唇瓣淡绿色带棕色。果实为蒴果。

【花果期】花期9～11月。

【产地】云南。生于海拔900～1 400m的浓密森林或山坡的崖壁或有裂缝的岩石中。

【繁殖】分株。

【应用】极美丽，为极佳的观赏兰花，蕊柱回旋极似一双蛙眼，故名。可盆栽用于室内案几、书桌观赏。

紫纹兜兰

Paphiopedilum purpuratum
紫唇兜兰
兰科兜兰属

【识别要点】地生或半附生植物。叶基生，2列，3～8枚；叶片狭椭圆形或长圆状椭圆形，先端近急尖并有2～3个小齿，上面具暗绿色与浅黄绿色相间的网格斑，背面浅绿色。花葶直立，紫色，顶端生1花；中萼片白色而有紫色或紫红色粗脉纹，合萼片淡绿色而有深色脉，花瓣紫红色或浅栗色而有深色纵脉纹、绿白色晕和黑色疣点，唇瓣紫褐色或淡栗色。果实为蒴果。

【花果期】花期10月至翌年1月。

【产地】广东、香港、广西和云南。生于海拔700m以下的林下腐殖质丰富多石之地或溪谷旁苔藓砾石丛生之地或岩石上。越南也有。

【繁殖】分株。

【应用】花大美丽，为优良的观赏兰花，园林可用于庇荫的山石边或林下种植，也可盆栽用于室内观赏。

（本页图片由吴健梅摄）

拟蝶唇兰

Psychopsis papilio
魔鬼文心兰
兰科拟蝶唇兰属

【识别要点】多年生常绿附生草本。叶厚革质，形似兔耳，暗绿色，具红色或紫色斑点或花纹。花茎直立，花着生于花序顶端。花似蝴蝶，褐色，具黄色斑纹或饰边，唇瓣较大，中间有一黄色大斑点。果实为蒴果。

【花果期】花期全年。
【产地】特立尼达和多巴哥、委内瑞拉、哥伦比亚、厄瓜多尔及秘鲁。
【繁殖】播种、分株。

【应用】花形奇特，是近年来流行的新品种，是室内盆栽佳品。可用来装饰书桌、餐桌及茶几，也可用于办公场所的美化。

虞美人

Papaver rhoeas
丽春花
罂粟科罂粟属

【识别要点】一年生草本，茎直立，高25～90cm，具分枝。叶互生，叶片轮廓披针形或狭卵形，羽状分裂，下部全裂，全裂片披针形和2回羽状浅裂，上部深裂或浅裂、裂片披针形，最上部粗齿状羽状浅裂，顶生裂片通常较大，小裂片先端均渐尖，两面被淡黄色刚毛。花单生于茎和分枝顶端；花蕾长圆状倒卵形，下垂；萼片2，绿色，花瓣4，圆形、横向宽椭圆形或宽倒卵形，稀圆齿状或顶端缺刻状，紫红色，基部通常具深紫色斑点花丝深紫红色。蒴果宽倒卵形；种子多数，肾状长圆形。

【花果期】主要花期夏季，果熟期夏、秋，广州多于秋末至早春应用。

【产地】原产欧洲。我国各地常见栽培。

【繁殖】播种。

【应用】花姿优雅，色彩鲜艳，是优良的花坛、花境材料，适合片植。也可盆栽用于装饰阳台、窗台。

小花矮牵牛

Calibrachoa hybrida
舞春花
茄科舞春花属

【识别要点】多年生宿根草本，茎细弱，呈匍匐状。叶狭椭圆形或倒披针形，全缘。花冠漏斗状，先端5裂，花色丰富，有白、黄、红、橙、紫等色。果实为蒴果。

【花果期】花期春季。广州多于秋末至早春应用。
【产地】栽培种。
【繁殖】扦插。

【应用】株形美观，开花繁茂，为近年来兴起的观花草本植物，在岭南一带栽培较少，多盆栽，也可用于公园、庭院的花坛、路边栽培观赏。

花烟草

Nicotiana sanderae
美花烟草、烟仔花
茄科烟草属

【识别要点】一、二年生草本，株高 30 ～ 50cm。叶长披针形。花顶生，喇叭状，花冠圆星形。小花由花茎逐渐向上开放，花有白、淡黄、桃红、紫红等色。果实为蒴果。

【花果期】花期秋季。
【产地】阿根廷、巴西。
【繁殖】播种。

【应用】开花繁茂，花色丰富，常用于花坛、花境或路边栽培，也可盆栽用于阳台、窗台或天台等处装饰。

矮牵牛

Petunia × hybrida
碧冬茄
茄科碧冬茄属

【识别要点】一年生草本，高30～60cm，全体生腺毛。叶有短柄或近无柄，卵形，顶端急尖，基部阔楔形或楔形，全缘。花单生于叶腋，花萼5深裂，裂片条形，花冠白色或紫堇色，有各式条纹，漏斗状，筒部向上渐扩大，檐部开展，5浅裂。蒴果圆锥状，种子极小，近球形，褐色。

【花果期】主要花期夏季，果期7～12月，广州多于秋末至春季应用。
【产地】杂交种。现世界各地广为栽培。
【繁殖】播种。

【应用】为著名的庭园植物，在我国南北均广泛种植，性强健，易栽培，常种植于花坛、花台、路边或花境，也可盆栽或吊篮栽培观赏，宜片植。

金鱼草

Antirrhinum majus
龙头花
玄参科金鱼草属

【识别要点】多年生草本植物，株高20 ~ 150cm。下部叶片对生，卵形，上部互生，叶片长圆状披针形，全缘。总状花序顶生，花冠二唇瓣，基部膨大，花色有火红、金黄、艳粉、纯白和复色等。果实为蒴果。

【花果期】花期夏季，果期秋季，广州多于秋末至早春应用。

【产地】原产地中海地区。世界各国广泛栽培。

【繁殖】播种。

【应用】性强健，易栽培，为我国常见的庭园花卉，矮性种常用于花坛、花境或路边栽培观赏，盆栽观赏可置于阳台、窗台等处装饰；高性种常用作切花，也可作背景材料。

夏堇

Torenia fournieri
蓝猪耳
玄参科蝴蝶草属

【识别要点】直立草本，高15～50cm。茎几无毛，具4窄棱。叶片长卵形或卵形，几无毛，先端略尖或短渐尖，基部楔形，边缘具带短尖的粗锯齿。花具梗，通常在枝的顶端排列成总状花序；萼椭圆形，绿色或顶部与边缘略带紫红色，花冠筒淡青紫色，背黄色；上唇直立，浅蓝色，宽倒卵形，下唇裂片矩圆形或近圆形，彼此几相等，紫蓝色，中裂片的中下部有一黄色斑块。蒴果长椭圆形；种子小，黄色。

【花果期】6～12月。广州多于秋末至早春应用。
【产地】原产越南，我国南方常见栽培，偶见逸生。
【繁殖】播种。

【应用】花形奇特，花姿优美，适合布置花坛、花境或路边栽培观赏，也可盆栽置于屋顶、阳台、天台等装饰。

三色堇

Viola tricolor
蝴蝶花
堇菜科堇菜属

【识别要点】一、二年生或多年生草本，高10～40cm。地上茎较粗，直立或稍倾斜。基生叶叶片长卵形或披针形；茎生叶叶片卵形、长圆形或长圆状披针形，先端圆或钝，基部圆，边缘具稀疏的圆齿或钝锯齿；托叶大型，叶状，羽状深裂。花大，每个茎上有3～10朵，通常每花有紫、白、黄三色；单生叶腋，萼片绿色，长圆状披针形，上方花瓣深紫堇色，侧方及下方花瓣均为三色，有紫色条纹，侧方花瓣里面基部密被须毛，下方花瓣距较细。蒴果椭圆形。

【花果期】主要花期夏季；果期秋季。广州多于秋末至早春应用。

【产地】原产欧洲。世界各地广为栽培。

【繁殖】播种。

【应用】花色丰富，是我国常见的草花品种，多用于花坛、花境等绿化，盆栽适合阳台、窗台、案几上摆放观赏。

双翅舞花姜

Globba schomburgkii
姜科舞花姜属

【识别要点】株高30～50cm。叶片5～6枚，椭圆状披针形，顶端尾状渐尖，基部钝。圆锥花序有花2至多朵；花黄色，小花梗极短，萼钟状，花冠裂片卵形；唇瓣狭楔形，黄色，顶端2裂，基部具橙红色的斑点；花丝长1cm，弯曲。果实为蒴果。

【花果期】花期8～9月。

【产地】我国云南南部。生于林中阴湿处。中南半岛也有。

【繁殖】分株。

【应用】株形小巧，花奇特美丽，适合植于庭园小径、山石边观赏，也可盆栽。

姜花
Hedychium coronarium

白草果
姜科姜花属

【识别要点】茎高1～2m。叶片长圆状披针形或披针形，顶端长渐尖，基部急尖，叶面光滑，叶背被短柔毛。穗状花序顶生，椭圆形，苞片呈覆瓦状排列，卵圆形，每一苞片内有花2～3朵；花芬芳，白色，花冠管纤细，裂片披针形。果实为蒴果。

【花果期】花期9月；果期10月。

【产地】四川、云南、广西、广东、湖南和台湾。生于林中或栽培。印度、越南、马来西亚至澳大利亚也有。

【繁殖】分株。

【应用】花大洁白，芳香馥郁，适合路边、草地边缘、假山石边、水岸边或庭园栽培观赏，也可作切花。花可浸提香精，用于调和香料。

水生花卉

黄花蔺 *Limnocharis flava*

花蔺科黄花蔺属

【识别要点】水生草本。叶丛生，挺出水面；叶片卵形至近圆形，亮绿色，先端圆形或微凹，基部钝圆或浅心形。花葶基部稍扁，上部三棱形，伞形花序有花2～15朵，有时具2叶；苞片绿色，内轮花瓣状花被片淡黄色，基部黑色，宽卵形至圆形，蕾时有纵褶，先端圆形。果实圆锥形；种子多数，褐色或暗褐色，马蹄形。

【花果期】广州花期以秋季为盛，春季也可见花。

【产地】云南及广东沿海岛屿。生于海拔600～700m的沼泽或浅水中。东南亚、美洲热带也有。

【繁殖】播种、分株。

【应用】株形美观，花色雅致，常用于公园、风景区或庭院的水体绿化，也可盆栽。

金银莲花

Nymphoides indica
白花荇菜、印度荇菜
龙胆科荇菜属

【识别要点】多年生水生草本。茎圆柱形，不分枝，形似叶柄。单叶，叶漂浮，近革质，宽卵圆形或近圆形，下面密生腺体，基部心形，全缘，具不甚明显的掌状叶脉。花多数，簇生节上，5基数；花萼分裂至近基部；花冠白色，基部黄色，分裂至近基部，冠筒短，具5束长柔毛，裂片卵状椭圆形，先端钝，腹面密生流苏状长柔毛。蒴果椭圆形，不开裂；种子鼓胀，褐色，近球形。

【花果期】在广州几乎全年可见花，主花期秋季。
【产地】东北、华东、华南以及河北、云南。生于海拔50～1 530m的池塘或静水中。广布于世界热带至温带地区。
【繁殖】分株。

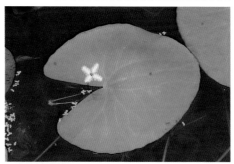

【应用】小花极为精致，有较高的观赏性，目前岭南地区有少量种植，适合公园、景区等水景绿化。

齿叶水蜡烛

Dysophylla sampsonii
森氏水珍珠菜
唇形科水蜡烛属

【识别要点】一年生草本。茎直立或基部匍匐生根，高15～50cm，基部常较粗，节间较短，钝四棱形。叶倒卵状长圆形至倒披针形，先端钝或急尖，基部渐狭，边缘自1/3处以上具明显小锯齿，基部近全缘，坚纸质。穗状花序；苞片卵状披针形，几不超过花萼，带红色。花萼宽钟形，下部具黄色腺体，常带紫红色，萼齿5，花冠紫红色，冠檐4裂，裂片近相等。小坚果卵形。

【花果期】花期9～10月；果期10～11月。

【产地】湖南、江西、广东、广西、贵州。生于沼泽中或水边。

【繁殖】分株、扦插。

【应用】花序极为美丽，在园林中极少应用，可引种至公园、景区、校园等的水塘边种植观赏，适合与其他水生植物配植。

大石龙尾

Limnophila aquatica
大宝塔
玄参科石龙尾属

【识别要点】多年生草本，株高30～50cm。叶分为沉水叶和气生叶：沉水叶轮生，羽状开裂至毛发状多裂；气生叶轮生，长椭圆形，先端尖，基部抱茎，叶边缘具细齿。总状花序，花冠筒状，5裂，花瓣具毛，有蓝色斑块。果实为蒴果。

【花果期】花期秋季，其他季节也可少量见花。
【产地】斯里兰卡及印度。我国华南植物园有引种。
【繁殖】分株、扦插。

【应用】开花极为繁盛，观赏效果佳，目前广州有少量引种，可用于景区、公园、绿地等景观的水体绿化。

中华石龙尾

Limnophila chinensis
蛤蟆草、华石龙尾、过塘草
玄参科石龙尾属

【识别要点】草本，茎简单或自基部分枝，下部匍匐而节上生根。叶对生或3～4枚轮生，无柄，卵状披针形至条状披针形，稀为匙形，多少抱茎，边缘具锯齿。花单生叶腋或排列成顶生的圆锥花序；花冠紫红色或蓝色，稀为白色。蒴果宽椭圆形，两侧扁。

【花果期】花果期10月至翌年5月，盛花期初冬。

【产地】广东、广西、云南等地。生于水旁或田边湿地。此外南亚、东南亚及澳大利亚也有。

【繁殖】分株、播种。

【应用】开花繁盛，花姿清雅，可用于水体或湿地绿化，多与其他水生植物配植，也可盆栽观赏。

黄花狸藻

Utricularia aurea
水上一枝黄花、黄毛狸藻
狸藻科狸藻属

【识别要点】水生草本。假根通常不存在，存在时轮生于花序梗的基部或近基部，匍匐枝圆柱形，具分枝。叶器多数，互生，3～4深裂达基部，裂片先羽状深裂，后1～4回二歧状深裂，末回裂片毛发状。捕虫囊通常多数，侧生于叶器裂片。花序直立，中部以上具3～8朵疏离的花；花梗丝状，于花期直立，花后下弯；花冠黄色，喉部有时具橙红色条纹。种子多数，压扁。

【花果期】花期6～11月，主花期秋季；果期7～12月。

【产地】江苏、安徽、浙江、江西、福建、台湾、湖北、湖南、广东、广西和云南。生于海拔50～2 680m湖泊、池塘和稻田中。印度、尼泊尔、孟加拉国、斯里兰卡、马来西亚、印度尼西亚、菲律宾、日本和澳大利亚也有。

【繁殖】分株。

【应用】为著名的食虫植物，花开时节，水面成片金黄色小花极为壮观，适于公园、景区等静水水面种植观赏。

参考文献

段公路．1936．北户录．丛书集成初编本．上海：商务印书馆．

广州市芳村区地方志编辑委员会．1993．岭南第一花乡．广州：花城出版社．

何世经．1998．小榄菊艺的历史和现状．广东园林（4）：47—48．

李少球．2004．羊城迎春花市的沉浮．广州：花卉研究20年——广东省农业科学院花卉研究所建所20周年论文选集．

梁修．1989．花埭百花诗笺注．梁中民，廖国媚笺注．广州：广东高等教育出版社．

凌远清．2013．明清以来陈村花卉种植的历史变迁．顺德职业技术学院学报，11（1）：86—90．

刘恂．2011．历代岭南笔记八种．鲁迅，杨伟群点校．广州：广东人民出版社．

倪金根．2001．陈村花卉生产历史初探，广东史志（1）：27—32．

屈大均．1985．广东新语．北京：中华书局．

孙卫明．2009．千年花事．广州：羊城晚报出版社．

徐晔春，朱根发．2012．4 000种观赏植物原色图鉴．长春：吉林科学技术出版社．

中国科学院中国植物志编辑委员会．1979—2004．中国植物志．北京：科学出版社．

周去非．1936．岭外代答．丛书集成初编本．上海：商务印书馆．

周肇基．1995．花城广州及芳村花卉业的历史考察．中国科技史料，16（3）：3—15．

朱根发，徐晔春．2011．名品兰花鉴赏经典．长春：吉林科学技术出版社．